JN089190

中学1年

西尾義典 著

フォーラム・A

まえがき

「小学校の算数では良くできたのに，中学の数学はもう一つ成績が伸びない」ということは，ありませんか？

正の数・負の数が現れたり，文字式の扱いを学習しはじめたり，抽象的な内容に移るからでしょう．

でも，心配することはありません．基本となる内容をくり返し練習すれば必ずできるようになります．そのために企画編集したのが，本書「数学リピートプリント」です．

つまずきやすいところをていねいに解説し，くり返し練習できるようにしました．また，説明のための図を多く入れて容易に理解できるように工夫しました．

本書は，各項目の「要点まとめ」「基本問題」「リピート練習」の４ページ単位で構成されています．それぞれの章末には「期末対策」として，復習問題を載せています．問題の量は必要最小限にとどめて，短期間に達成・完成できるようにしています．

本書は，なによりも生徒の身になって作ったテキストです．本書に解答を直接書き込んで，君だけのオリジナルノートにしてください．

地道な勉強を続けていかなければ，数学の実力はつかないとよくいわれています．つまり「王道はない」と．

しかし，少なくとも中学数学には「王道がある」と考えます．本書を活用して「王道」への第一歩を踏み出せるようになれば，「王道」への道が切り開けるようになれば，著者としてこれほど，うれしいことはありません．

著者記す

中学1年　目次

STEP 01

第１章　正の数・負の数

正の数・負の数

正・負の意味：基準点より上や下などの反対の意味を表す.

正 の 数…0より大きい数

＋（プラス）をつける　（+1,　+2,　+3など）

負 の 数…0より小さい数

－（マイナス）をつける　（−1,　−2,　−3など）

数の大小…数直線では 右側 にある数の方が 大きい

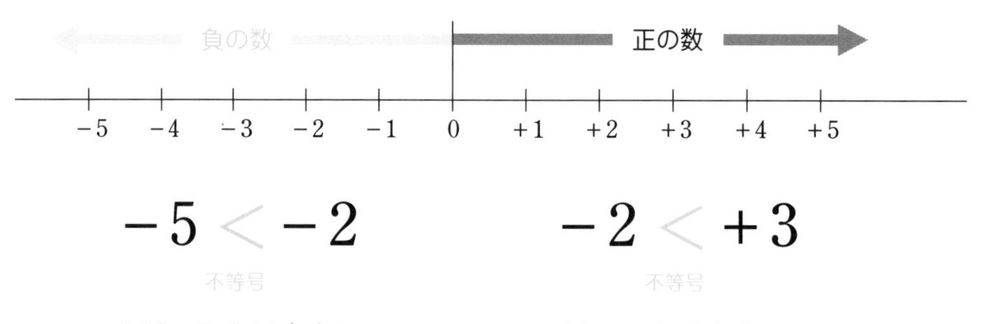

−2は−5より大きい　　　3は−2より大きい

絶 対 値…数直線上の１つの点と 原点０との距離

+3の絶対値→3,　−2の絶対値→2

1 (1)　+6　　(2)　−4

2 −400 m

3 数直線（−5, −3, 0, +3, +5）：−3 と +3 に点

4 (1)　−5 < −1　　(2)　−2 < 1

基本問題

1 次の数を，正・負の符号つけて表しましょう．

(1) 0より6大きい数　　(2) 0より4小さい数

2 海面の高さを0 mとして，標高3776 mの富士山は +3776 mと表せます．水深400 mの海底はどのように表せますか．

3 次の数直線に −3と +3をかきましょう．

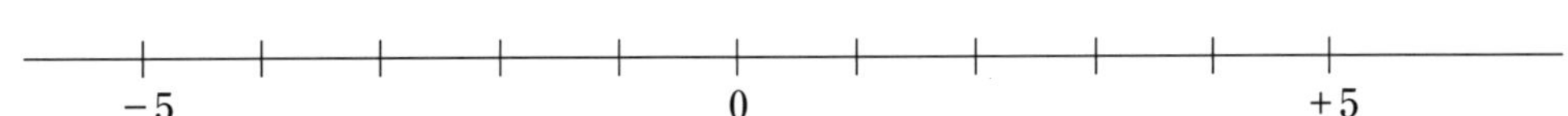

4 次の □ に不等号をかきましょう．

(1) −5 □ −1　　(2) −2 □ 1

不等号は向きをそろえよう

パワーアップ

3つの数の大小を表すときは不等号の向きをそろえます．

−4 ＜ −2 ＜ +1　good

−4 ＜ +1 ＞ −2　ダメ

STEP 01

REPEAT

1 次の数を，正・負の符号つけて表しましょう．

(1) 0より5小さい数

(2) 0より3小さい数

(3) 0より3.5大きい数

(4) 0より2.5小さい数

2 次の [ ] にあてはまる数をかきましょう．

(1) A地点を基準にして，Aから南へ150 mの地点を −150 mとすれば，Aから北へ200 mの地点は [ ] mと表せます．

(2) 500円の収入を +500円で表すと，300円の支出は [ ] 円と表せます．

3 次の数直線上にある2点の絶対値を答えましょう．

−5　　0　　+4

−5の絶対値（　　　），+4の絶対値（　　　）

学習日

自己評価

4 □ に数をかきましょう.

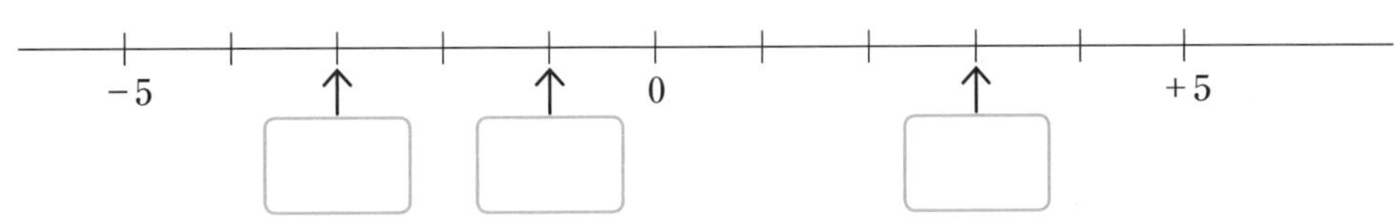

5 次の数直線に −3, ＋0.5, −2.5, ＋2 をかきましょう.

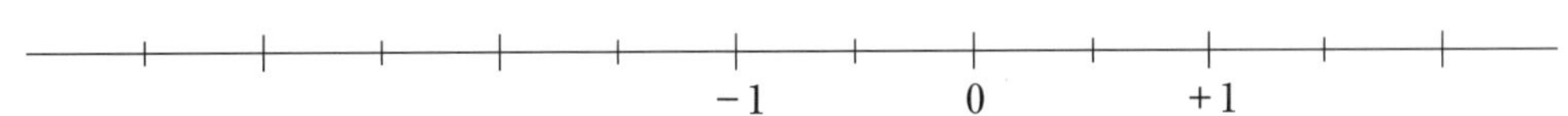

6 次の □ に不等号をかきましょう.

(1) ＋4 □ ＋7　　(2) −3 □ −5

(3) −3 □ ＋4　　(4) ＋1 □ −2

(5) −4 □ 0 □ ＋2

STEP 02

第１章　正の数・負の数

加　法

同符号：共通の符号，絶対値の和

(1)　(正の数)＋(正の数)

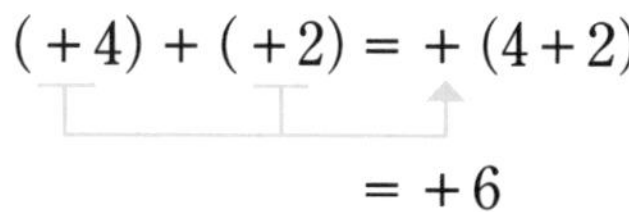

$(+4)+(+2)=+(4+2)$

$=+6$

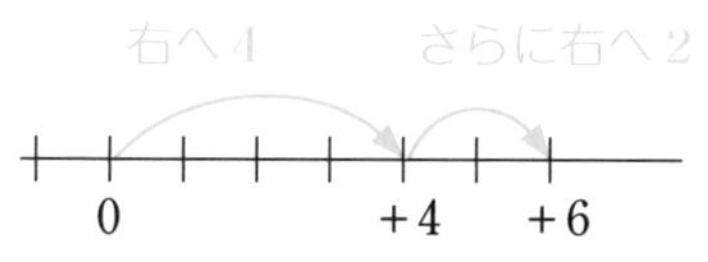

(2)　(負の数)＋(負の数)

$(-4)+(-2)=-(4+2)$

$=-6$

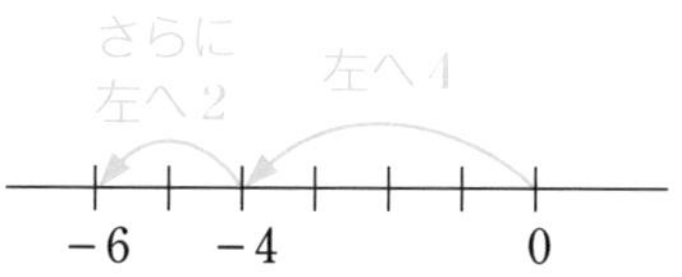

異符号：絶対値の大きい符号，絶対値の差

(3)　(正の数)＋(負の数)　や　(負の数)＋(正の数)

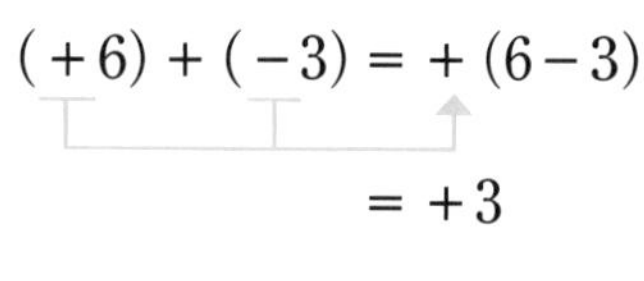

$(+6)+(-3)=+(6-3)$

$=+3$

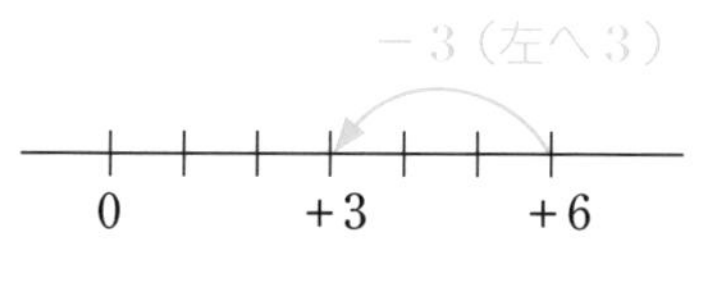

$(-6)+(+3)=-(6-3)$

$=-3$

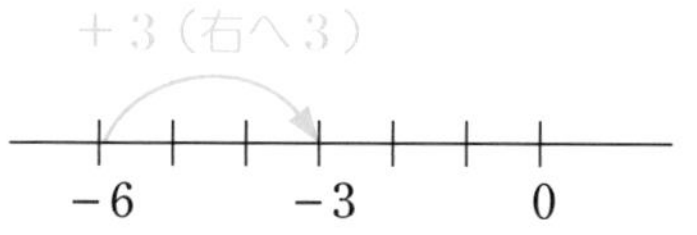

数直線上では，0 からスタート → ＋は右へ，−は左へ進む

基本問題答え

(1)　+8　　(2)　−8

(3)　+5　　(4)　−6

(5)　+2　　(6)　−4

(7)　+6

基本問題

次の計算をしましょう.

(1)　$(+5)+(+3)=$ □　←共通の符号，絶対値の和 $+(5+3)$

(2)　$(-5)+(-3)=$ □　←共通の符号はマイナス（$-$）

(3)　$(+2)+(+3)=$ □　←共通の符号はプラス（$+$）

(4)　$(-4)+(-2)=$ □　←共通の符号はマイナス（$-$）

(5)　$(+4)+(-2)=$ □　←絶対値が大きい符号，絶対値の差 $+(4-2)$

(6)　$(+2)+(-6)=$ □　←絶対値が大きいのは -6

(7)　$(-1)+(+7)=$ □　←絶対値が大きいのは $+7$

$(-3)+(+3)=$?

パワーアップ

異符号の加法で絶対値が同じとき
絶対値の差は0なので，符号をつけず0

$$(-3)+(+3)=0$$

STEP 02

REPEAT

1 次の計算をしましょう.

(1) $(+5)+(+3)$

(2) $(+8)+(+4)$

(3) $(-9)+(-9)$

(4) $(-15)+(-9)$

(5) $(+2)+(-6)$

(6) $(-7)+(+5)$

(7) $(-8)+(+3)$

(8) $(+2)+(-7)$

(9) $(+4)+(-4)$

(10) $(-12)+(+12)$

学習日

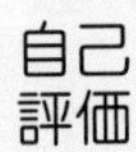
自己評価

2 次の計算をしましょう．

(1) $(+4)+(+5)$

(2) $(-6)+(-6)$

(3) $(+3.1)+(+4)$

(4) $(-2)+(-6.2)$

(5) $(+5)+(-6)$

(6) $(-9)+(+2)$

(7) $0+(-4)$

(8) $(+6)+0$

(9) $(+3.3)+(-5.5)$

(10) $(-1.2)+(+5)$

STEP 03

第１章　正の数・負の数

減　法

減法は ⟶ 加法に直す

$-(+\bigcirc) \longrightarrow +(-\bigcirc)$

符号が変わる

$-(-\triangle) \longrightarrow +(+\triangle)$

符号が変わる

$-(+7) \longrightarrow +(-7)$

$-(-5) \longrightarrow +(+5)$

符号を変える

マイナス　プラス

$$(+5)-(+2)=(+5)+(-2)$$
$$=+(5-2)$$
$$=+3$$

(1)　$(+6)+(-2)=+(6-2)=+4$

(2)　$(+2)+(+3)=+(2+3)=+5$

(3)　$(-4)+(-3)=-(4+3)=-7$

基本問題

次の計算をしましょう.

(1)　$(+6) \overset{\text{マイナス}}{-} (+2) = (+6) \overset{\text{プラス}}{+} (\quad)$　← (　) の中の符号が変わる

$= +(\quad)$

$= \square$

(2)　$(+2) \overset{\text{マイナス}}{-} (-3) = (+2) \overset{\text{プラス}}{+} (\quad)$　← (　) の中の符号が変わる

$= +(\quad)$

$= \square$

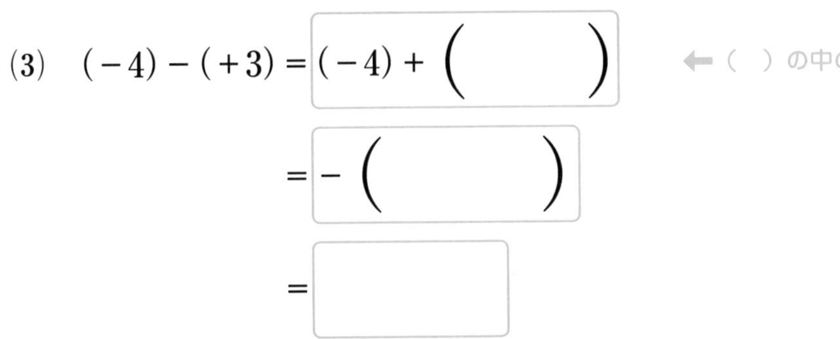

(3)　$(-4) - (+3) = (-4) + (\quad)$　← (　) の中の符号が変わる

$= -(\quad)$

$= \square$

数直線で考える

$(-4) - (+3) = (-4) + (-3)$

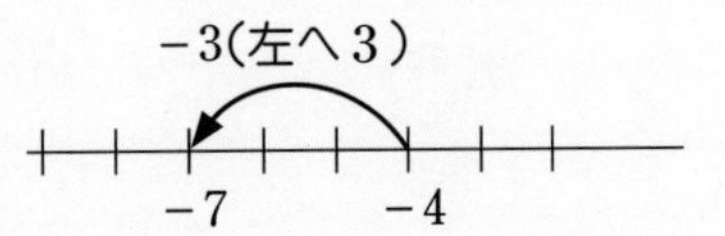

パワーアップ

STEP 03

REPEAT

1 次の計算をしましょう.

(1) $(+3)-(+4)$

(2) $(+6)-(-2)$

(3) $(+5)-(-3)$

(4) $(-8)-(+3)$

(5) $(-9)-(+2)$

(6) $(-4)-(-8)$

(7) $0-(-3)$

(8) $0-(+2)$

(9) $(+6)-(+2.5)$

(10) $(-1)-(-3.2)$

学習日

自己評価　再度チャレンジ　ナットク　完全合格

2 次の計算をしましょう.

(1) $(+4)-(+5)$

(2) $(+7)-(-3)$

(3) $(+6)-(-4)$

(4) $(-10)-(+5)$

(5) $(-12)-(+2)$

(6) $(-14)-(-18)$

(7) $0-(-6)$

(8) $0-(+5)$

(9) $(+10)-(+1.5)$

(10) $(+14.8)-(-3.2)$

STEP 04

第１章　正の数・負の数

加減の混じった計算

減法は，加法に直して 計算しよう．

正の数どうし，負の数どうし を計算しよう．

加法に直す

$$(+4)-(-3)+(-2)=(+4)+(+3)+(-2)$$
$$=(+7)+(-2)$$
$$=+5$$

（　）と＋をはぶいて 計算しよう．

加法に直す

$$(+3)-(+6)+(-5)=(+3)+(-6)+(-5)$$
$$=3-6-5$$
$$=3-11$$
$$=-8$$

(1)　①　(−3)　②　(+6)　③　(−3)
　　④　(+10)　⑤　(−10)

(2)　①　(−2)　②　(+3)　③　−2
　　④　−7+12　⑤　+5

基本問題

次の計算をしましょう.

(1)　$(+4)-(+3)-(-6)+(-7)$

$=(+4)+$ ①$(\quad)$ $+$ ②$(\quad)$ $+(-7)$　←加法に直す

$=(+4)+(+6)+$ ③$(\quad)$ $+(-7)$　←正の数と負の数を集める

$=$ ④$(+\quad)$ $+$ ⑤$(-\quad)$ $=0$　←正の数どうし，負の数どうしの計算

(2)　$(-5)+(+9)-(-3)-(+2)$

$=(-5)+(+9)+(+3)+(-2)$　←加法に直す

$=(-5)+$ ①$(-\quad)$ $+(+9)+$ ②$(+\quad)$　←正の数，負の数を集める

$=-5$ ③　 $+9+3$　←（　）と＋をはぶく

$=$ ④　 $=$ ⑤　←正の数どうし，負の数どうしの計算

加法の性質を考える

加法だけの式にすると，
＋や（　）をはぶくことができます．

$(+6)+(-4)+(+1)$

$=\ 6\ \ -4\ \ +1$

↑＋もはぶける

パワーアップ

STEP 04

REPEAT

1 次の計算をしましょう.

(1) $(+5)-(-1)+(-4)$

(2) $(-7)+(+4)-(+3)$

(3) $(+9)-(-5)+(+8)$

(4) $(+8)-(-5)-(+2)$

(5) $-11+2-5-2$

(6) $-2+7-3+13$

(7) $-3+4-6-5$

(8) $-3+4-(-7)-5$

学習日

自己評価 

2 次の計算をしましょう．

(1) $(+6)-(-2)+(-5)$

(2) $(-9)+(+6)-(+5)$

(3) $(+10)-(-7)+(+8)$

(4) $12-18+5$

(5) $-12+3-6-3$

(6) $-\dfrac{5}{8}-\dfrac{3}{2}+\dfrac{1}{4}$

(7) $4.2-5.6-3.7$

(8) $13-17+5+17-9$

STEP 05

第1章　正の数・負の数

乗法・除法

乗　法：符号のかけ算、絶対値の積

同符号 $\begin{cases}(+)\times(+)\rightarrow(+)\\(-)\times(-)\rightarrow(+)\end{cases}$　　異符号 $\begin{cases}(+)\times(-)\rightarrow(-)\\(-)\times(+)\rightarrow(-)\end{cases}$

$(+2)\times(+3)=+6$　　$(+2)\times(-3)=-6$

$(-2)\times(-3)=+6$　　$(-2)\times(+3)=-6$

累　乗：同じ数を何回もかけるときに使う.

$5\times5\times5=5^{3}$←指数　(5の3乗)

逆　数：積が1となる2つの数 $\left(3と\frac{1}{3},\ -2と-\frac{1}{2}など\right)$

除　法：逆数を使って、かけ算へ

$(-2)\div5=(-2)\times\frac{1}{5}=-\frac{2}{5}$

（5 → $\frac{1}{5}$：逆数）

符号のルールは、乗法と同じ

1 (1)　+15　(2)　−8　(3)　+20

(4)　−12　(5)　+9　(6)　−9

2 (1)　$-\frac{1}{7}$　(2)　$\frac{5}{3}$

3 (1)　+3　(2)　−5　(3)　−4

(4)　+6　(5)　$(-3)\times\frac{1}{4}=-\frac{3}{4}$

基本問題

1 次の計算をしましょう.

(1) $(+3)\times(+5)=$ 　　　　(2) $(+4)\times(-2)=$

(3) $(-5)\times(-4)=$ 　　　　(4) $(-4)\times(+3)=$

(5) $(-3)^2=(-3)\times(-3)=$ 　　　　←(-3) を 2 回かける

(6) $-3^2=-3\times3=$ 　　　　←3 を 2 回かける

2 次の数の逆数を求めましょう.

(1) -7 　　　　(2) $\dfrac{3}{5}$

2 次の計算をしましょう.

(1) $(+12)\div(+4)=$ 　　　　(2) $(+15)\div(-3)=$

(3) $(-24)\div(+6)=$ 　　　　(4) $(-54)\div(-9)=$

(5) $(-3)\div4=$ $(-3)\times$ 　　　　$=$ $-\dfrac{3}{}$

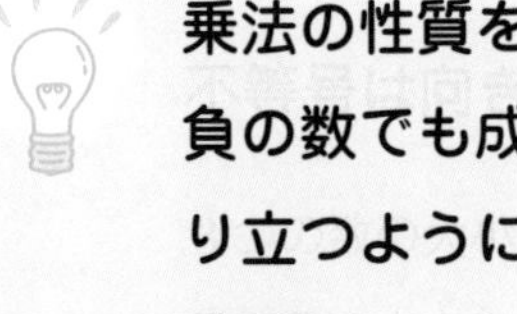

パワーアップ

乗法の性質を負の数でも成り立つようにする.

$(+3)\times(+2)=+6$
$(+3)\times(+1)=+3$
$(+3)\times\ \ 0\ \ =0$
$(+3)\times(-1)=-3$
$(+3)\times(-2)=-6$

3ずつ小さい

$(-3)\times(+2)=-6$
$(-3)\times(+1)=-3$
$(-3)\times\ \ 0\ \ =0$
$(-3)\times(-1)=+3$
$(-3)\times(-2)=+6$

3ずつ大きい

STEP 05 REPEAT

1 次の計算をしましょう.

(1) $(+3)\times(+7)$

(2) $(-8)\times(+3)$

(3) $(+9)\times(-4)$

(4) $(-8)\times(-5)$

(5) $7\times(-4)$

(6) -9×8

(7) $(-4)\times(+0.7)\times(-5)$

(8) $\left(-\frac{1}{6}\right)\times(+7)\times(-12)$

(9) $(-5)^2$

(10) -5^2

2 累乗の形で表しましょう.

(1) $10\times10\times10\times10$

(2) $(-8)\times(-8)\times(-8)\times(-8)\times(-8)$

学習日

自己評価  

3 次の計算をしましょう.

(1) $(+9)\div(+3)$

(2) $(+16)\div(-8)$

(3) $(-40)\div(+5)$

(4) $(-63)\div(-7)$

(5) $18\div(-3)$

(6) $-24\div4$

4 次の計算をして，結果は分数の形で表しましょう.

(1) $(-5)\div(-2)$

(2) $(-4)\div(+20)$

(3) $7\div\left(-\frac{5}{8}\right)$

(4) $-8\div(-12)$

(5) $-8\div(-12)\times5$

(6) $\left(-\frac{5}{12}\right)\times\frac{8}{9}\div\left(-\frac{1}{3}\right)$

第1章　正の数・負の数

STEP 06 いろいろな計算

計算の順序：累乗 → （　）→ 乗除 → 加減

$\{2^2+(-7)\}\times 5+(-2)$
（累乗）

$=\{4+(-7)\}\times 5+(-2)$
（{ } 内の計算）

$=(-3)\times 5+(-2)$
（乗法）

$=-15+(-2)$
（加法）

$=-17$

素因数分解：自然数を素数の積で表します．

たとえば　$30=2\times 3\times 5$

$40=2\times 2\times 2\times 5=2^3\times 5$

$$\begin{array}{r|l} 2 & 30 \\ \hline 3 & 15 \\ \hline & 5 \end{array}\qquad \begin{array}{r|l} 2 & 40 \\ \hline 2 & 20 \\ \hline 2 & 10 \\ \hline & 5 \end{array}$$

数の範囲

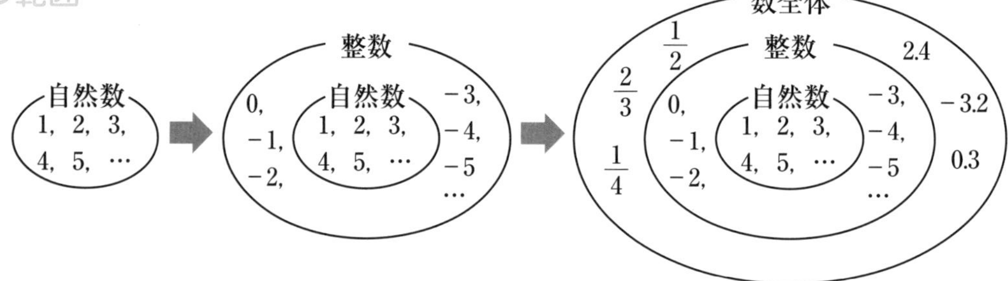

1 (1) $8-(-20)=8+20=28$　　(2) $-4-(-2)=-4+2=-2$

2 (1) $60=2^2\times 3\times 5$　　(2) $252=2^2\times 3^2\times 7$

$$\begin{array}{r|l} 2 & 60 \\ \hline 2 & 30 \\ \hline 3 & 15 \\ \hline & 5 \end{array}\qquad \begin{array}{r|l} 2 & 252 \\ \hline 2 & 126 \\ \hline 3 & 63 \\ \hline 3 & 21 \\ \hline & 7 \end{array}$$

基本問題

1 次の計算をしましょう.

(1) $8-(-4)\times 5=$ [$8-($　　$)$] ←乗法から計算

$=$ [$8+$] ←(　)をはずす

$=$ [　　]

(2) $-4-(5-7)=$ [$-4-($　　$)$] ←(　)内から計算

$=$ [$-4+$] ←(　)をはずす

$=$ [　　]

2 次の数を素因数分解しましょう.

(1) $60=$ [　　]

) 60

)

)

(2) $252=$ [　　]

) 252

)

)

)

自然数：1, 2, 3, 4, …

整　数：… −3, −2, −1, 0, 1, 2, …

数の範囲が広がり，整数の範囲で，加法（$3+5=8$），減法（$5-7=-2$）乗法（$5\times 6=30$）は結果がすべて整数になりますが，除法はいつでも整数になるとは限りません.

パワーアップ

STEP 06

REPEAT

1 次の計算をしましょう．

(1) $-3\times(-5)+6$

(2) $7+3\times(-4)$

(3) $2\times(-3)+7$

(4) $-10-9\div3$

(5) $3\times(-5)+18\div(-9)$

(6) $-63\div9+2\times(-7)$

(7) $4\times(-3)-4\times(-5)$

(8) $(-6)\times(-2)+(-3)\times3$

(9) $12-(-10+6)$

(10) $(-2+8+2)-4$

(11) $23-\{5-(-3+6)\}$

(12) $-8-3\times(-2)^2$

学習日

自己評価 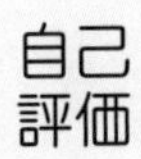

2 次の計算をしましょう.

(1) $(-4)\times 7+(14-4)\div(-2)$

(2) $\{15-(19-14)\}\times(-3)+7$

(3) $20\div(-5)+(-24)\div(-3)+9$

(4) $2\times(-5)-(-9)\div 3+2\times 14$

3 次の数を素因数分解しましょう.

(1) 90

(2) 84

(3) 120

(4) 825

第1章　期末対策

1　次の □ にあてはまる数をかきましょう．

(1)　北へ5 km 行くことを +5 km と表すと，南へ4 km 行くことは □ と表せます．

(2)　1万円の黒字を +1万円と表すと，1万円の赤字は □ と表せます．

2　次の数直線に +3，−2，−4，+6 をかきましょう．また，これらの数の絶対値を答えましょう．

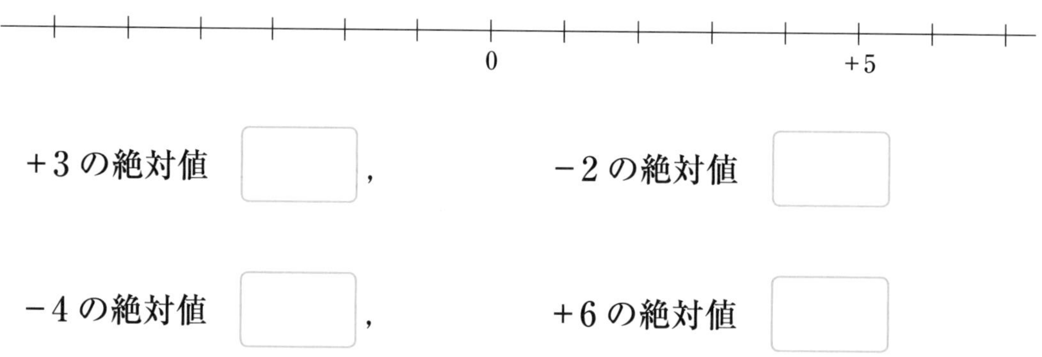

+3の絶対値 □，　　−2の絶対値 □

−4の絶対値 □，　　+6の絶対値 □

3　次の □ に不等号を入れましょう．

(1)　+3 □ +5　　(2)　−4 □ −2

(3)　+5 □ −1　　(4)　0 □ −3

学習日

4 次の計算をしましょう.

(1) $9+(-5)$

(2) $3-(-2)$

(3) $(-6)-(+2)$

(4) $-(-1)+4$

(5) $3\times(-6)$

(6) $(-12)\div(-3)$

(7) $(-10)-(-4)+(-6)$

(8) $(-5)+9-(-4)-6$

(9) $(+5)\times(+2)-(-4)\times(+6)$

第１章　期末対策

5　次の計算をしましょう．

(1)　$(-5)^2-3^3$

(2)　$\frac{1}{8}-\left(-\frac{1}{4}\right)$

(3)　$\frac{1}{10}\times\left(-\frac{2}{3}\right)$

(4)　$\left(-\frac{1}{3}\right)\div\frac{5}{6}$

(5)　$-\frac{1}{3}+0.7$

(6)　$\frac{2}{3}-\left(-\frac{1}{2}\right)-\frac{1}{4}$

(7)　$\frac{9}{10}\div(-3)^3$

(8)　$\left(-\frac{1}{2}\right)^3\times 2$

(9)　$12\times\left(-\frac{1}{3}+\frac{3}{2}\right)$

(10)　$\left(-\frac{4}{7}+\frac{3}{2}\right)\times 28$

学習日

自己評価 再度チャレンジ　ナットク　完全合格

6 次の数を素因数分解しましょう.

(1) 450

(2) 294

(3) 420

(4) 945

7 右の表は, 6人の漢字テストの成績を表したものです. 6人全員の平均点は50点でした. 各生徒の得点と平均点の差を求め, 平均点より高いものを正の数で, 低いものを負の数で表しています. この表を見て, 次の問いに答えましょう.

a	b	c	d	e	f
4	−3	5	−6	−7	7

(1) cの得点を求めましょう.

(2) eの得点を求めましょう.

STEP 07

第2章　文字と式

文字のきまり

文字のきまり

① ×は省略する

② 数を先にする

③ アルファベット順にする

④ ÷は分数の形にする

⑤ 同じものの積は累乗の形にする

$x \times 3 \longrightarrow 3x$　　⬅×は省略

$b \times a \longrightarrow ab$　　⬅アルファベット順

$y \div 4 \longrightarrow \dfrac{y}{4}\ \left(\dfrac{1}{4}y\right)$　　⬅÷は，分数の形

$1 \times a \longrightarrow a$　　⬅1は省略する

$a \times a \times a \longrightarrow a^3$　　⬅累乗の形

(1)　$3a$　　(2)　$-\dfrac{y}{3}$ $\left(-\dfrac{1}{3}y\text{でもよい}\right)$

(3)　$-2x^2$　　(4)　$2(a+b)$　　(5)　$2x-3y$

(6)　$0.1b$ $\left(\dfrac{1}{10}b\right)$　　(7)　$-a$　　(8)　a^4

基本問題

文字のきまりにしたがって，次の式を表しましょう．

(1)　$a \times 3 =$ □　　←×は省略，数字を先にする

(2)　$y \div (-3) =$ □　　←÷は，分数の形

(3)　$x \times x \times (-2) =$ □　　←同じものは，累乗の形

(4)　$(a+b) \times 2 =$ □

(5)　$x \times 2 - y \times 3 =$ □

(6)　$b \times 0.1 =$ □　　←数字を先にする

(7)　$(-1) \times a =$ □

(8)　$a \times a \times a \times a =$ □

$(a+b) \times 2$ の（　　）

$(a+b)$は１つのかたまりと見ます．
文字式のきまりで表すと
$(a+b) \times 2 = 2(a+b)$

~~$(a+b) \times 2 = a + 2b$~~
ダメ

パワーアップ

STEP 07

REPEAT

1 文字のきまりにしたがって，次の式を表しましょう．

(1) $(-a)\times(-b)$

(2) $(-c)\times(-b)$

(3) $(-a)\times d\times c$

(4) $(-x)\times(-z)\times(-y)$

(5) $x\div 4$

(6) $y\div(-3)$

(7) $3\times a\times a$

(8) $b\times 7\times b$

(9) $x\times(-2)\times x$

(10) $y\times y\times(-3)$

学習日

自己評価 

2 文字のきまりにしたがって，次の式を表しましょう．

(1) $y \div 4 \times x$

(2) $2a \times (-5)$

(3) $x \times x \times 3 \times x$

(4) $(a+3) \div (-3)$

(5) $a \times a \div b \times (-3)$

(6) $(x+y) \div 9$

(7) $a \times 3 - b \times 8$

(8) $7 \times a + b \div 3$

(9) $-6 \times x \times x \div y \div y$

(10) $x \div 3 \div y$

STEP 08

第２章　文字と式

文字を使った式

文字を使って式を表す

• 1 個 120 円のりんごを a 個買ったときの代金は

$120 \times a \rightarrow 120a$ （円）

• 長さ b m のリボンを 5 等分したときの 1 本の長さは

$b \div 5 \rightarrow \dfrac{b}{5}$ （m）

式の値：文字のかわりに数値を代入して値を求めることです．

• 1 個 120 円のりんごを 5 個買ったときの代金は

$120a$ の a のかわりに 5 を代入すると

$120a = 120 \times 5 = 600$ （円）

• 長さ 20 m のリボンを 5 等分したときの 1 本の長さは

$\dfrac{b}{5}$ の b のかわりに 20 を代入すると

$\dfrac{b}{5} = \dfrac{20}{5} = 4$ （m）

1 （1） $30 \times a + 50 \times b = 30a + 50b$ （円）

（2） $x \times y = xy$ （cm^2）

2 （1） $6 \times (-3) = -18$

（2） $2 \times (-3) + 7 = -6 + 7 = 1$

基本問題

1 次の数量を文字式で表しましょう.

(1) 1本30円のえんぴつ a 本と，1個50円の消しゴムを b 個買ったときの代金.

(代金の合計) = [　　$\times a+$　　　$\times b$]

= [　　　　] (円)

(2) たて x cm，横 y cm の長方形の面積.

(面積) = [　　$\times$　　] = [　　　] (cm^2)

2 $x=-3$ のとき，次の式の値を求めましょう.

(1) $6x$

= [$6\times($　　　$)$]

= [　　　]

(2) $2x+7$

= [$2\times($　　　$)+7$]

= [　　　$+7$]

= [　　　]

負の数を代入するとき
(　　)でつつもう！

$x=-4$ のとき $-2x$ の値

$-2\times(-4)=8$

good

-2×-4

ダメ

パワーアップ

STEP 08

REPEAT

1 次の数量を，文字式で表しましょう．

(1) 1 個 100 円のりんごを a 個と，1 個 150 円のなしを b 個買ったときの代金．

(2) 1 枚 63 円の切手を a 枚と，1 枚 84 円の切手 b 枚買ったときの代金．

(3) 底辺の長さ x cm，高さが 4 cm の三角形の面積．

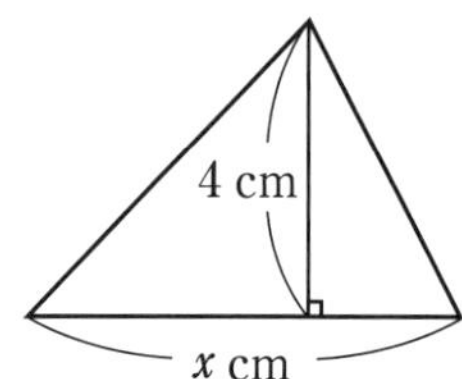

(4) ある数 x を 3 倍して，10 を加えた数．

(5) みかんを，1 人に x 個ずつ 8 人に配ったら 3 個あまりました．
はじめにあったみかんの数．

学習日

2 $x=2$ のとき，次の式の値を求めましょう．

(1) $3x$　　(2) $3x+2$

(3) $-7x+5$　　(4) x^2

3 $x=-3$ のとき，次の式の値を求めましょう．

(1) $5x$　　(2) $2x+6$

(3) $-3x+8$　　(4) $-x^2+7$

STEP 09

第2章　文字と式

1次式の計算（1）

1次式：$2a$ や $3x$ のように1次の項を含む式.

$$3x+2$$
$$-2y$$
$$x+2y+1$$

1次式

同類項：$3a$ や $2a$ のように文字の部分が同じ項.

1次式の計算：**同類項はまとめて計算**

$$4a+3a=(4+3)a=7a$$

$$7b-2b=(7-2)b=5b$$

まとめられるのは，文字の部分が同じものだけです.

(1)　$0.4\times5\times a=2a$

(2)　$\frac{2}{3}\times9\times b=6b$

(3)　$-\frac{18}{4}c=-\frac{9}{2}c\ \left(-\frac{9c}{2}\right)$

(4)　$(5+4)a=9a$

(5)　$(10-3)b=7b$

(6)　$(-7-6)c=-13c$

基本問題

次の計算をしましょう．

(1)　$0.4a\times 5=$ [　　$\times$　　$\times a$] $=$ [　　]　　⬅数どうしのかけ算

(2)　$\dfrac{2}{3}b\times 9=$ [　　$\times$　　$\times b$] $=$ [　　]

(3)　$18c\div(-4)=$ [$-$ $\dfrac{\quad}{\quad}$ c] $=$ [　　]

(4)　$5a+4a=$ [(　　　)a] $=$ [　　]　　⬅同類項をまとめる

(5)　$10b-3b=$ [(　　　)b] $=$ [　　]

(6)　$-7c-6c=$ [(　　　)c] $=$ [　　]

$2a$ と $3a^2$ は同類項？

$2a=2\times a$

$3a^2=3\times a\times a$

なので，同類項ではありません．

$2a+3a^2=5a^2$ ✕

ダメ

STEP 09

REPEAT

1 次の計算をしましょう.

(1) $10a\times0.5$

(2) $\dfrac{3}{2}b\times4$

(3) $\dfrac{8}{7}c\times(-14)$

(4) $16d\div4$

(5) $3x+8x$

(6) $4y-8y$

(7) $-a-3a$

(8) $5b-2b$

(9) $5x-2x+1$

(10) $2y-2y$

学習日

2 次の計算をしましょう.

(1) $8x \times 0.75$

(2) $6x-8x+3x$

(3) $\frac{4}{7}a \times (-21)$

(4) $4ab-7ab$

(5) $6x-2-2x$

(6) $ab-4-3ab$

(7) $\frac{1}{4}x-x+3$

(8) $3c-4+2c$

STEP 10

第2章　文字と式

1次式の計算(2)

1次式の計算：同類項はまとめて計算

$$3a-2+2a+8=3a+2a-2+8$$
$$=(3+2)a-2+8$$
$$=5a+6$$

同類項

分配法則：$a(b+c)=ab+ac$

$$3(2a+5)=3\times 2a+3\times 5$$
$$=6a+15$$

$$-2(3a-2)=(-2)\times 3a+(-2)\times(-2)$$
$$=-6a+4$$

分配法則を使って，かっこをはずし，同類項をまとめます．

$$(2a+9)-(4a-3)=2a+9-4a+3$$
$$=2a-4a+9+3$$
$$=(2-4)a+9+3$$
$$=-2a+12$$

(1)　$3a+5+4a+8=(3+4)a+5+8=7a+13$

(2)　$4x-7-3x+1=(4-3)x-7+1=x-6$

(3)　$5y-4-2y+2=(5-2)y-4+2=3y-2$

基本問題

次の計算をしましょう.

(1)　$(3a+5)+(4a+8)=$ $3a+5$　　←（　）をはずす

$=$ $(3+\qquad)a$　　←同類項を集める

$=$ $\boxed{\qquad}$　　←同類項をまとめる

(2)　$(4x-7)-(3x-1)=$ $4x-7$　　←（　）をはずす

$=$ $(4-\qquad)x$　　←同類項を集める

$=$ $\boxed{\qquad}$　　←同類項をまとめる

(3)　$(5y-4)-2(y-1)=$ $5y-4$

$=$ $(5-\qquad)y$

$=$ $\boxed{\qquad}$

パワーアップ

分配法則──→平等に分配

$a(b+c)=ab+ac$

このとき，符号のルールに注意します.

同符号 $\begin{cases}(+)\times(+)\to(+)\\(-)\times(-)\to(+)\end{cases}$

異符号 $\begin{cases}(+)\times(-)\to(-)\\(-)\times(+)\to(-)\end{cases}$

STEP 10

REPEAT

1 次の計算をしましょう.

(1) $(4a-6)+(2a-3)$

(2) $(a-7)+(2a+9)$

(3) $(5a+7)-(2a-1)$

(4) $(4a+7)-(3a-1)$

(5) $(5b-7)+(7-2b)$

(6) $(3b+10)+(5-4b)$

(7) $(8b-6)-(6-3b)$

(8) $(7b+3)-(-2-3b)$

学習日

自己評価

2 次の計算をしましょう．

(1) $(3a-2)+3(2a-8)$

(2) $4(7a-3)-(2-9a)$

(3) $2(2x+3)+5(x-1)$

(4) $3(3x-2)-2(9-3x)$

(5) $6(x-1)-4(2x-3)$

STEP 11

第2章　文字と式

数量関係の表し方

等　式：$x-3=5$ のように，等号「＝」で表された式をいいます．

不等式：$x-3<5$ のように，不等号「<，>，≦，≧」で表された式をいいます．

等号，不等号の右側を右辺，左側を左辺といいます．

$$\underbrace{x-3}_{左辺}=\underbrace{5}_{右辺} \qquad \underbrace{x-3}_{左辺}<\underbrace{5}_{右辺}$$

不等号 ≦ で表した式「$x-3\leqq 5$」は，

「$x-3<5$」または「$x-3=5$」を表します．

ある数 x にを 2 をたすと，ちょうど 10 になりました．

これを式に表すと　$x+2=10$

ある数 x から 2 をひくと，10 以上になりました．

これを式に表すと　$x-2\geqq 10$

(1)　$5x+100=1000$

(2)　$x+2y=2400$

(3)　$5x\geqq 1200$

(4)　$150x+120y\geqq 900$

基本問題

次の数量の間の関係を，等号または不等号で表しましょう．

⑴　1 冊 x 円のノート 5 冊と，100 円のボールペン 1 本買ったとき，その代金は 1000 円でした．

□ ＋ □ $=1000$

⑵　x 円の品物 1 個と，y 円の品物 2 個を買うとき，その代金は 2400 円でした．

□ ＋ □ ＝ □

⑶　5 人で x 円ずつ出し合うと，合計が 1200 円以上になります．

□ $\geqq 1200$

⑷　1 個 150 円のりんご x 個，1 本 120 円のジュースを y 本買うと，代金は 900 円以上になります．

□ ＋ □ ≧ □

a は b より大きい　→　$a > b$

a は b 以下　→　$a \leqq b$

STEP 11

REPEAT

1 次の数量の関係を，等式，不等式で表しましょう．

(1) ある数xの2倍に5を加えると，25になりました．

(2) a人いたバスの乗客のうち3人降りたので，残りは7人になりました．

(3) 40 m のテープからx m のテープ3本切り取ると，2 m 以上のテープが残りました．

(4) 1個120円のみかんx個を，y円の箱につめると，代金の合計は2500円以下になりました．

学習日

自己評価 

2 次の数量の関係を表す，等式，不等式を選びましょう．

(1) ある美術館の入館料は，大人が a 円，中学生は大人の半額の b 円です．

① $a=2b$　　② $2a=b$

③ $a>2b$　　④ $2a<b$

(　　　)

(2) 800円で a 円の品物を 3 個買うことができます．

① $800=a+3$　　② $800<3a$

③ $800-3a<0$　　④ $800-3a \geqq 0$

(　　　)

(3) x 個のなしを，1 人に3 個ずつ y 人に配ると 2 個以上あまります．

① $x+2=3y$　　② $x-3y \geqq 2$

③ $x<3y$　　④ $x-2<3y$

(　　　)

第2章　期末対策

1　次の数量を文字式で表しましょう．

(1)　時速 50 km の速さで，a 時間走ったときの道のり．

(2)　1 本 a 円のえんぴつ 5 本と，1 冊 b 円のノート 2 冊を買ったときの代金．

(3)　1 辺の長さが a cm の正方形の面積．

(4)　十の位の数字が a，一の位の数字が b の 2 けたの正の整数．

2　$x=-3$ のとき，次の式の値を求めましょう．

(1)　$2x+1$　　　(2)　$-3x+8$

学習日

3 次の計算をしましょう.

(1) $8a \times 2$

(2) $0.5b \times 8$

(3) $16c \div 12$

(4) $27d \div (-3)$

(5) $6a - 2a$

(6) $5b - 9b$

(7) $3c + 2 + 4c$

(8) $7d - 1 - 2d$

(9) $3a + 3 - 4a - 2$

(10) $b + 6 + 2b - 3$

4　次の計算をしましょう.

(1)　$(8a-6)+(2a+1)$

(2)　$(5a+7)-(3a-1)$

(3)　$(4b-3)-(9-3b)$

(4)　$(5b+2)-(3b-2)$

(5)　$(3x+2)+3(2x+8)$

(6)　$4(7x+3)+(2-9x)$

(7)　$5(2y-3)-3(4y+3)$

(8)　$7(2y+1)-2(3y-6)$

学習日

自己評価  

5 右の図のように，1 辺の長さが x cm の立方体があります．

(1) 立方体の体積を表す式をかきましょう．

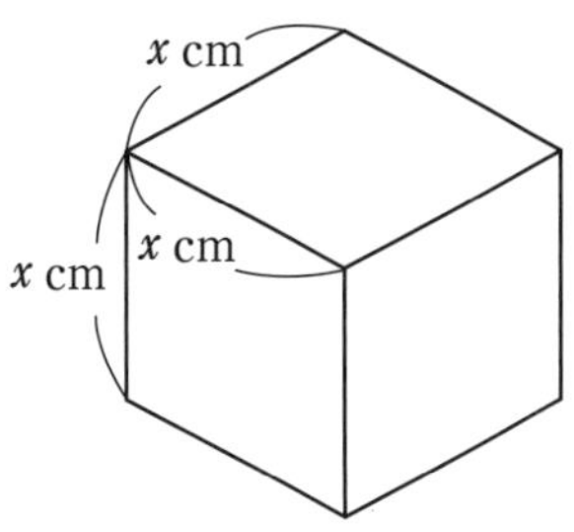

(2) $x=3$ のとき，立方体の体積を求めましょう．

6 次の計算をしましょう．

(1) $3a+(-a)$

(2) $-0.2a+0.5a$

(3) $b-\frac{2}{5}b$

(4) $\frac{b}{2}+\frac{b}{3}$

7 ある学校の昨年の生徒数は x 人で，今年の生徒数は 3 ％増えて400人以上となりました．この数量の関係を表しましょう．

STEP 12

第3章　方程式

等式と方程式

等　式：$8x=4x+12$　のように等号「＝」で表された式をいいます．

$$\underbrace{\underbrace{8x}_{\text{左辺}}=\underbrace{4x+12}_{\text{右辺}}}_{\text{両辺}}$$

方程式：式の中の文字に特別な値を代入すると等式が成り立つ式のことをいいます．

$8x=4x+12$ に $x=3$ を代入すると

（左辺）$=8\times3=24$，　（右辺）$=4\times3+12=24$

（左辺）＝（右辺），　$x=3$ は方程式の解

等式の性質　等式 $A=B$ があるとき

① $A+m=B+m$　（両辺に同じ数をたしても成立）

② $A-m=B-m$　（両辺に同じ数をひいても成立）

③ $A\times m=B\times m$　（両辺に同じ数をかけても成立）

④ $A\div m=B\div m$　$(m\neq0)$　（両辺を同じ数でわっても成立）

基本問題答え

1 ㋒（㋐，㋑，㋒の方程式に $x=3$ を代入して等式が成り立つものをさがします．）

2 (1) $x+3-3=-5-3$　したがって　$x=-8$

(2) $6x\div6=18\div6$　したがって　$x=3$

基本問題

1 次の方程式のうち，解が3であるものの記号を答えましょう．

㋐ $3x=12$　　㋑ $2x+1=9$　　㋒ $5x=4x+3$

2 次の □ にあてはまる数をかきましょう．

(1) 方程式 $x+3=-5$ を等式の性質を使って解く．
両辺から3をひいて

$$x+3-\square=-5-\square$$

したがって　$x=\square$

(2) 方程式 $6x=18$ を等式の性質を使って解く．
両辺を6でわって

$$6x\div\square=18\div\square$$

したがって　$x=\square$

等式の性質を，ことばでいえば

「両辺に同じ数をたしても，ひいても，かけても，
また0でない数でわっても，成り立つ」
となります．この性質を使って，方程式を
$x=$(数) の形に導きます．

$x=$（数）の形

パワーアップ

STEP 12 REPEAT

1 次の方程式の解は，$x=-2$，-1，0 のうちどれか答えましょう．

(1)　$2x-1=-3$

(2)　$4x+2=-6$

(3)　$4x+11=2x+11$

学習日

自己評価 再度チャレンジ ナットク 完全合格

2 等式の性質を使って，次の方程式を解きましょう．

(1) $x+4=6$

(2) $x-2=7$

(3) $7x=21$

(4) $\frac{1}{3}x=-4$

STEP 13

第3章　方程式

1次方程式の解き方（1）

移 項：左辺の項を符号を変えて右辺に移すことをいいます．

$x \boxed{-7} = 3$　→　$x = 3 \boxed{+7}$

$x - 7 + 7 = 3 + 7$（$-7+7 = 0$）

$x = 3 + 7$

これは，等式の性質 $A+m=B+m$ をすることと同じ．

これらのことを使って，$x=$（数）の形に変形します．

$5x - 1 = 3x + 11$

$5x - 3x = 11 + 1$　← x の項を左へ，数を右へ移項

$(5-3)x = 12$　← 同類項をまとめる

$2x = 12$

$x = 6$　← 両辺を 2 でわった

1 次方程式の解き方は，

x の項を左辺へ，数を右辺へもっていくのがポイントです．

(1)　$x = 4 - 6$　したがって　$x = -2$

(2)　$3x - 2x = -7$　したがって　$x = -7$

(3)　$10x - 2x = 12 + 4$　よって　$8x = 16$

両辺を 8 でわって　$x = 2$

基本問題

次の方程式を解きましょう.

(1) $x+6=4$

解答 左辺の 6 を右辺に移項して

$x=$ [$4-$]　　したがって $x=$ [ ]

(2) $3x=2x-7$

解答 右辺の $2x$ を左辺に移項して

[$3x-$] $=-7$　　したがって [ ] $=-7$

(3) $10x-4=2x+12$

解答 左辺の -4 を右辺に，右辺の $2x$ を左辺に移項して

[$10x-$] $=$ [$12+$]

よって [x] $=$ [ ]

両辺を 8 でわって $x=$ [ ]

検算しよう！

解をもとの式に代入して
正しいか確めよう.
(3)の解は $x=2$

$$10x-4=2x+12$$

$$\left.\begin{array}{l}(\text{左辺})=10\times2-4=16\\(\text{右辺})=2\times2+12=16\end{array}\right\}\text{ok}$$

パワーアップ

STEP 13 REPEAT

1 次の方程式を解きましょう．

(1) $x-3=-9$

(2) $-5x=-4x+1$

(3) $4x+6=x$

(4) $-2x+15=3x$

(5) $4x+7=x-11$

(6) $2x-6=4-3x$

(7) $6y-9=-4y-1$

(8) $3y-7=9-5y$

学習日

2 次の方程式を解きましょう．

(1) $x-4=-5$

(2) $4x-10=-x$

(3) $24x+3=23x$

(4) $12-4x=2x$

(5) $4x-4=7x+8$

(6) $-15+3y=8y$

(7) $27-3z=6z-9$

(8) $-9x+12=3x-24$

STEP 14 第3章　方程式

1次方程式の解き方（2）

1次方程式の解き方：（　）をはずしたり，移項したりして

$x=$（数）の形に導く

$2(x+6)=-2x+4$

$2x+12=-2x+4$　　←（　）をはずす

$2x+2x=4-12$　　←移項する

$4x=-8$　　←同類項をまとめる

$x=-2$　　←両辺を 4 でわった

係数が小数 ⟶ 両辺を 10 倍，100 倍して 整数 に

$0.3x-1.8=0.2x+1 \xrightarrow[10倍]{} 3x-18=2x+10$

係数が分数 ⟶ 分母の最小公倍数をかけて 整数 に

$\frac{1}{3}x+1=\frac{1}{2}x-2 \xrightarrow[6倍]{} 2x+6=3x-12$

(1)　$6x+12=4x-8$,　$6x-4x=-8-12$

$2x=-20$,　$x=-10$

(2)　$x+20=51x+120$,　$x-51x=120-20$

$-50x=100$,　$x=-2$

(3)　$3x-9=2x+4$,　$3x-2x=4+9$

$x=13$

基本問題

次の方程式を解きましょう．

(1)　$3(2x+4)=4(x-2)$

解答　(　)をはずすと　$6x$ [　　] ＝ [　　] -8

移項して　$6x$ [　　] ＝ -8 [　　]

整理して　[　　] x ＝ [　　]　　よって　$x=$ [　　]

(2)　$0.1x+2=5.1x+12$

解答　両辺を 10 倍して　$x+$ [　　] ＝ $51x+$ [　　]

移項して　[　　] ＝ [　　]

整理して　[　　] x ＝ [　　]　　よって　$x=$ [　　]

(3)　$\dfrac{x-3}{2}=\dfrac{x+2}{3}$

解答　両辺に 6 をかけて　$3(x-3)=2(x+2)$

(　)をはずすと　$3x$ [　　] ＝ [　　] 4

移項して　[　　] ＝ [　　]

よって　$x=$ [　　]

STEP 14 REPEAT

1 次の方程式を解きましょう．

(1) $2(2x+3)=-x+1$

(2) $3(x+2)-(4x-2)=0$

(3) $3(x-5)=4(2x-1)$

(4) $2(x+4)-3(x+5)=0$

(5) $3(2x+4)=4(x-2)+6$

学習日

自己評価 

2 次の方程式を解きましょう.

(1) $-1.2x=0.3x-3$

(2) $0.4x-0.5=0.2x+0.3$

(3) $\dfrac{x+3}{2}=\dfrac{2x+3}{5}$

(4) $\dfrac{1}{2}x+1=\dfrac{2}{3}x-3$

STEP 15

第3章　方程式

方程式の利用・比例式

文章題を解く手順

① 求める数量を x（または，立式しやすい数量を x）とおきます．

② 方程式をつくり，それを解きます．

③ 解が適しているか確認し，単位も含めて答えをかきます．

$a:b$ と $c:d$ の比の値が等しいとき，2つの比は等しいといい，

$a:b=c:d$ と表します．これを比例式といいます．

比例式の性質

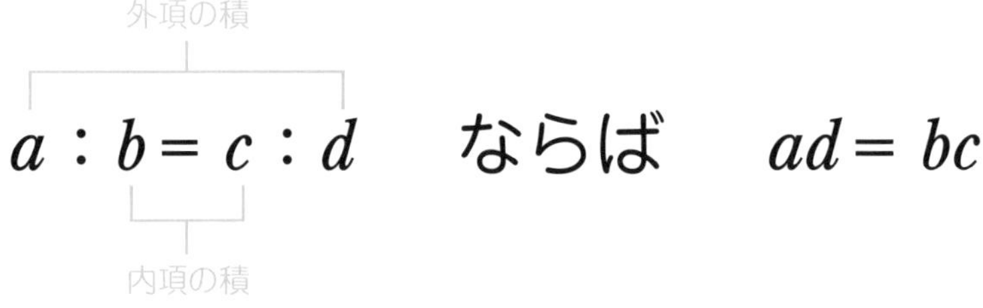

となります．

1 ① x　② $(10-x)$　③ 6　④ 6　⑤ 4

2 (1) $7\times9=x\times21$　$21x=63$　$x=3$

(2) $x\times6=8\times15$　$6x=120$　$x=20$

基本問題

1 1個150円のりんごと，1個250円のなしをあわせて10個買いました．その代金は1900円でした．りんごとなしをそれぞれ何個買いましたか．消費税は考えないものとします．

解答 りんごを x 個買うとすると，なしは $10-x$ 個．

$150\times$ ① [　　] $+250\times$ ② (　　) $=1900$

整理すると　$-100x=-600$

よって　$x=$ ③ [　　]

答え　りんご ④ [　　] 個，なし ⑤ [　　] 個

2 次の比例式の x の値を求めましょう．

(1) $7:x=21:9$

解答 比例式の性質より [　×　] $=x\times$ [　　]

$21x=$ [　　]　　したがって　$x=$ [　　]

(2) $x:8=15:6$

解答 比例式の性質より　$x\times$ [　　] $=$ [　×　]

$6x=$ [　　]　　したがって　$x=$ [　　]

STEP 15

REPEAT

1 まさお君は13才，まさお君のお父さんは47才です．何年後にお父さんの年齢が，まさお君の年齢の3倍になりますか．

2 クッキーを何人かの子どもに分けるのに，1人に4枚ずつ配ると6枚不足し，1人に3枚ずつ配ると14枚あまります．クッキーの枚数を答えましょう．

ヒント 子どもの人数をxとおき，クッキーの枚数を2通りに表す．

3 高速道路のAインターチェンジからBインターチェンジへ行くのに時速100 kmで走るときは，時速80 kmで走るときより，30分間早く着くといいます．AからBへの道のりを求めましょう．

ヒント 時速100 kmで走ったときのかかった時間をx時間として，道のりを表す．

学習日

自己評価

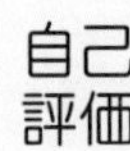

4 次の比例式の x の値を求めましょう．

(1) $x : 12 = 3 : 4$

(2) $x : 4 = (x - 4) : 3$

5 薄力粉が 76 g，砂糖が 16 g あります．これらに同じ重さの薄力粉と砂糖を加えて，薄力粉と砂糖の比率が 7：2 になるようにするとき，薄力粉と砂糖はそれぞれ何 g ずつ加えればよいですか．

ヒント 加える薄力粉，砂糖をそれぞれ x gとして式を立てる．

第3章　期末対策

1　次の方程式を解きましょう．

(1)　$x+10=4$

(2)　$x-2=6$

(3)　$2x+5=x-1$

(4)　$3x-4=2x+3$

(5)　$6x-10=4x+2$

(6)　$-5x-2=-2x+7$

(7)　$6(x+1)=2x-6$

(8)　$2(2x+1)=x-16$

2　次の比例式のxの値を求めましょう．

(1)　$x:2=3:6$

(2)　$2x:(x-2)=15:6$

学習日

3 次の方程式を解きましょう．

(1) $0.2x+1.3=-0.3$

(2) $0.4x-0.5=0.2x+0.7$

(3) $0.3x-0.52=0.08$

(4) $\frac{1}{3}x+1=\frac{1}{9}x+\frac{5}{3}$

(5) $x+1=\frac{5x-1}{2}$

第３章　期末対策

4　連続した３つの整数があって，その和は 183 になります．
３つの整数を求めましょう．

ヒント　最も小さい整数を x とおく．

5　一の位が７である２けたの整数があります．十の位と一の位の数字を入れかえた整数から，もとの整数を引くと 36 になります．
もとの整数を求めましょう．

ヒント　もとの整数の十の位の数字を x とおく．

6　A，B ２つの箱にりんごが 20 個ずつ入っています．いまAの箱からBの箱へ何個か移したら，Aの箱とBの箱のりんごの個数の比が３：５になりました．移したりんごの数を求めましょう．

ヒント　移した数を x 個として式を立てる．

学習日

自己評価 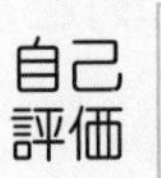 再度チャレンジ   ナットク   完全合格

7 野球ボールがいくつかと，それを入れる箱がいくつかあります．

1つの箱にボールを4個ずつ入れると2個あまり，1つの箱に5個ずつ入れると3個不足します．ボールの数を求めましょう．

ヒント 箱の数を x とおく．

8 学校から市役所へ行くのに，自転車で行くときは，徒歩で行くより20分早く着くといいます．自転車の速さを分速220 m，歩く速さを分速60 m とするとき，学校から市役所までの道のりを求めましょう．

ヒント 自転車で行くとき，かかった時間を x 分とおく．

STEP 16

第4章　比例と反比例

ともなって変わる2つの量

空の水槽に1分間に10Lの割合で水を入れます．x分間水を入れたときの水の量をyLとします．

時間x(分)	0	1	2	3	4	5
水の量y(L)	0	10	20	30	40	50

x，yの値はいろいろな値をとります．このx，yを変数といいます．

xの値が1つ決まると，それにともなってyの値もただ1つ決まるとき，yはxの関数であるといいます．

xのとる値の範囲を変域といいます．

xの値が1より大きい

$1 < x$

xの値が1以上

$1 \leqq x$

xの値が1以上でxの値が5未満

$1 \leqq x < 5$

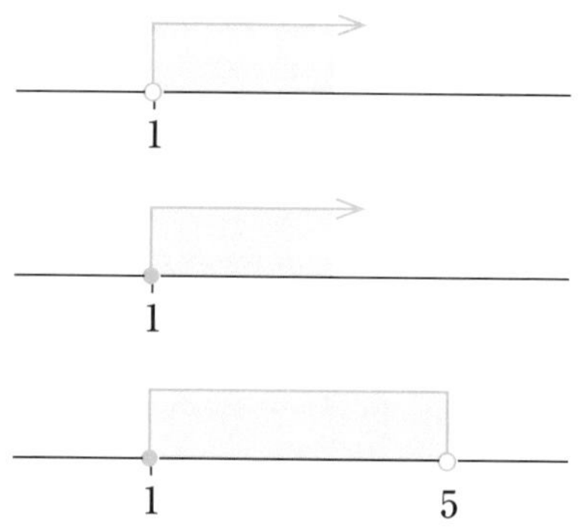

1

1辺 x (cm)	1	2	3	4	5	6
周囲 y (cm)	4	8	12	16	20	24

2　A(−1, 5)　B(−4, 1)
C(−2, −3)　D(3, −4)

基本問題

1 1辺の長さがx cmの正方形を考えて，この正方形の周囲の長さをy cmとします．

xの値が1 cm，2 cm，…… となると，yの値はどのようになるか，下の表を完成させましょう．

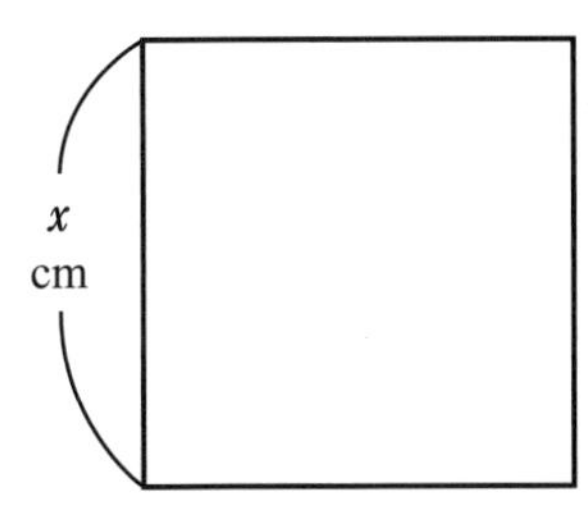

1辺 x (cm)	1	2	3	4	5	6
周囲 y (cm)	4					

2 右の図の点A，B，C，Dの座標を答えましょう．

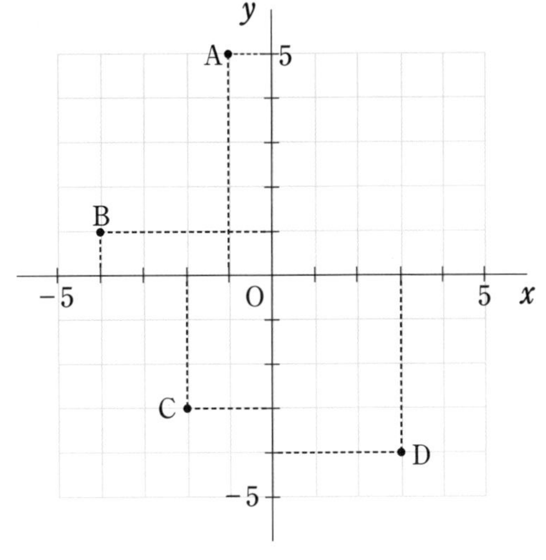

A（　　，　　）

B（　　，　　）

C（　　，　　）

D（　　，　　）

座標平面

2本の数直線が，直角に交わった平面上に点を表します．例えば，図の点Aの座標をA(4, 2)で表し，このとき，4は点Aのx座標，2は点Aのy座標といいます．

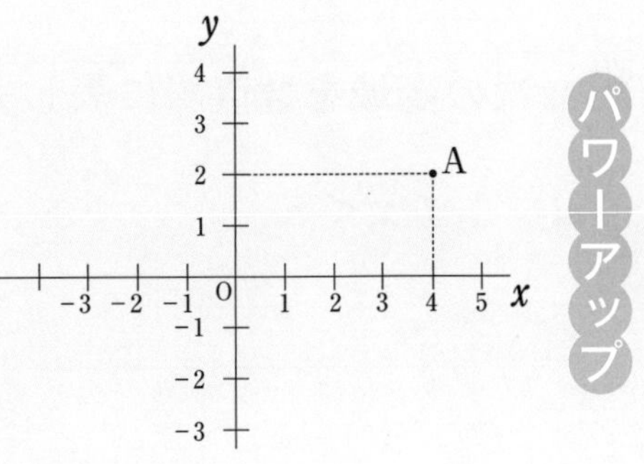

パワーアップ

STEP 16

REPEAT

1 1冊120円のノートをx冊買ったときの代金をy円とします．xの値が1，2，3，…… となると，yの値はどのようになるか，下の表を完成させましょう．

x(冊)	1	2	3	4	5	6
y(円)						

2 次のとき，yはxの関数であるといえますか．いえる，いえないで答えましょう．

(1) 半径x cm の円の面積y cm^2　(　　　　)

(2) 周の長さx cm の長方形の面積y cm^2　(　　　　)

(3) 8 kmの道のりを，時速x km で進むときにy時間かかる　(　　　　)

(4) x才の男の子の体重y kg　(　　　　)

3 次の変域を数直線に表しましょう．

(1) $1 \leqq x < 5$

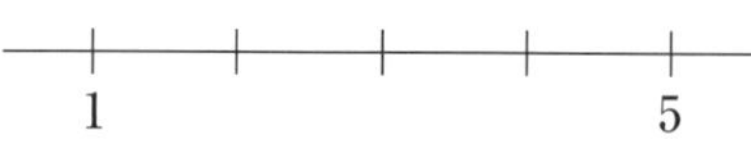

(2) $-3 < x \leqq 1$

−3　　0　1

学習日

自己評価　再度チャレンジ　ナットク　完全合格

4　右の図の点A，B，C，Dの座標をかきましょう．

A 

B（　　，　　）

C（　　，　　）

D（　　，　　）

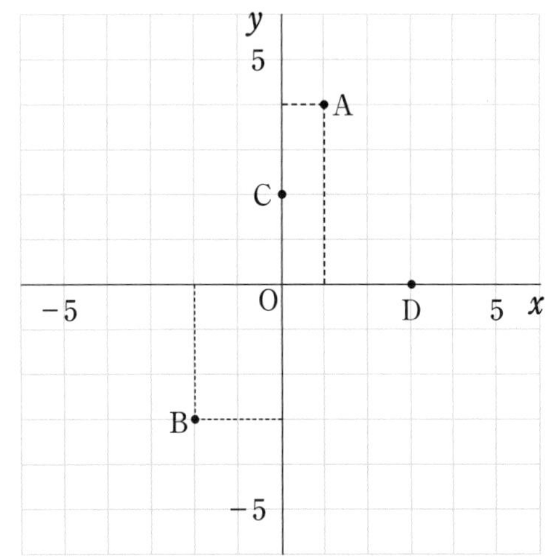

5　座標平面上の点 A の座標は A(2，4) です．次の点とその座標をかきましょう．

(1)　点Aと x 軸に関して対称な点はどれですか．

(2)　点Aと y 軸に関して対称な点はどれですか．

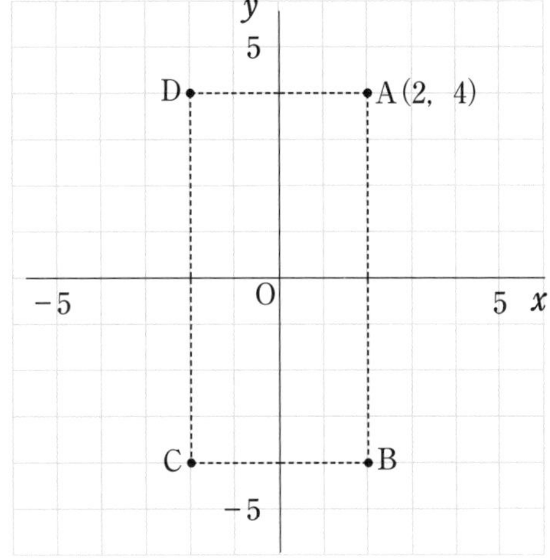

(3)　点Aと原点に関して対称な点はどれですか．

STEP 17

第4章　比例と反比例

比　例

比　　例：y は x にともなって変わる数量で，x が2倍，3倍，…… になると，y も2倍，3倍，…… となります．

比例の式：y は x にともなって変わる数量で，$y=ax$

（a は0でない定数，比例定数）と表されます．

y は x に比例する

⟶ $y=ax$ とおく

y は x に比例し，$x=4$ のとき $y=8$ です．このとき，比例定数を求め，y を x の式で表してみましょう．

y は x に比例するので，比例定数を a として

$y=ax$ ……①

とおきます．

$x=4$ のとき，$y=8$ だから，① に代入して

$8=a\times4$　　これより　$a=2$

比例定数は2，比例の式は　$y=2x$

1　(1)

x（時間）	1	2	3	4	5
y（km）	40	80	120	160	200

(2)　$y=40x$

2　$9=a\times3$　　これより　$a=3$

求める式は　$y=3x$

基本問題

1 時速 40 km で走る自動車が，x 時間に進む道のりを y km とします．

(1) 次の表を完成させましょう．

x (時間)	1	2	3	4	5
y (km)	40				

(2) y を x の式で表しましょう．

$y=$

2 y は x に比例して，$x=3$ のとき $y=9$ です．
y を x の式で表しましょう．

解答 y は x に比例するから，比例定数を a として
$y=ax$ ……① とおくことができます．

$x=3$，$y=9$ を ① に代入して

$\boxed{} = \boxed{a\times}$

これより　$a=\boxed{}$

求める式は　$y=\boxed{}$

変域について

変数がとる値の範囲のことで
右の例のように表します．

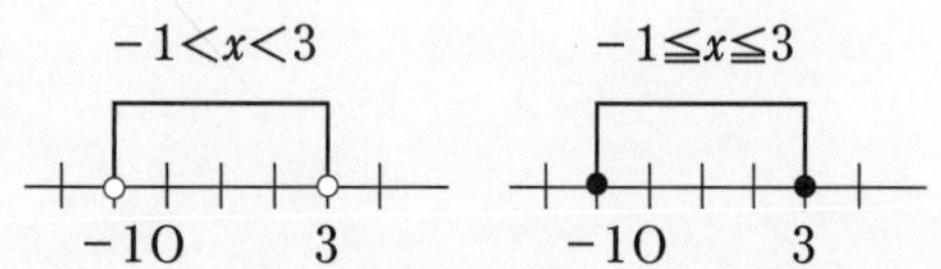

パワーアップ

STEP 17 REPEAT

1 分速 150 mで走る自転車があります．x 分間に進む道のりを y mとします．

(1) 次の表を完成させましょう．

x（分）	1	2	3	4	5	6
y（m）	150					

(2) y を x で表しましょう．

(3) x の値が $1 \leqq x \leqq 6$ のとき，y の変域を求めましょう．

2 y は x に比例して，$x=6$ のとき $y=12$ です．y を x の式で表しましょう．また，$x=5$ のときの y の値を求めましょう．

学習日

自己評価 

3 分速 60 mで歩く人が，x 分間に進む距離を y m とします．

(1) 次の表を完成させましょう．

x（分）	1	2	3	4	5	6	7	8
y（m）								

(2) y を x の式で表しましょう．

(3) x の値が $1 \leqq x \leqq 8$ のとき，y の変域を求めましょう．

4 y は x に比例して，$x=-6$ のとき $y=2$ です．y を x の式で表しましょう．また，$x=3$ のときの y の値を求めましょう．

第４章　比例と反比例

STEP 18 比例のグラフ

比例の式 $y=ax$ のグラフ

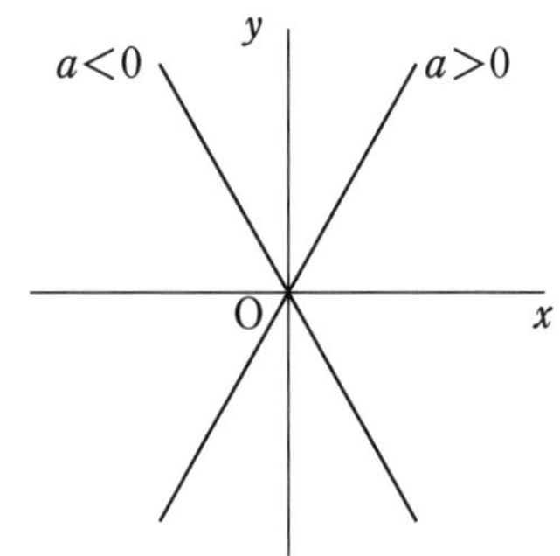

① 原点を通る直線

② $a>0$ のとき　右上がりの直線
　 $a<0$ のとき　右下がりの直線

グラフのかき方

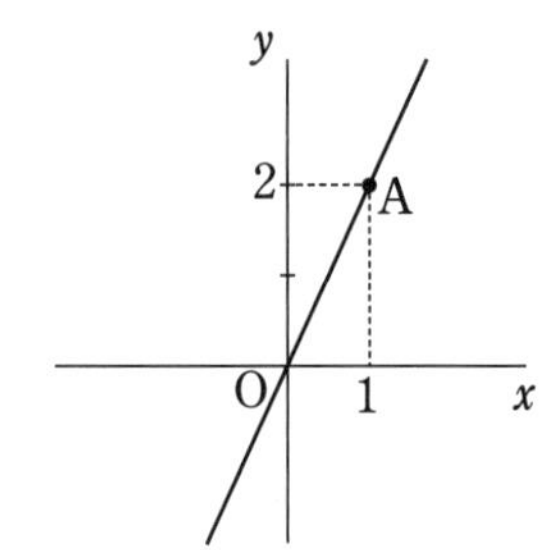

原点と他の 1 点を求めて，直線で結ぶ.

比例の式が $y=2x$ のとき，他の点を A（x 座標が 1）とします.

$x=1$ を代入して　$y=2\times1=2$

A(1, 2) と原点 O を結びます.

グラフから式を求める

グラフ上の点の座標を $y=ax$ に代入する.

右のグラフ A(1, 2) を $y=ax$ に代入して

$2=a\times1$　　よって　$a=2$

グラフの式は　$y=2x$

1

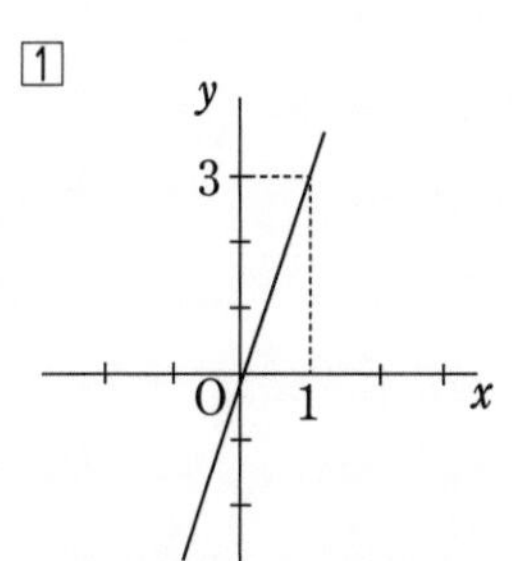

2　$5=a\times(-2)$

これより　$a=-\dfrac{5}{2}$

よって，比例の式は　$y=-\dfrac{5}{2}x$

基本問題

1 比例の式 $y=3x$ のグラフをかきましょう.

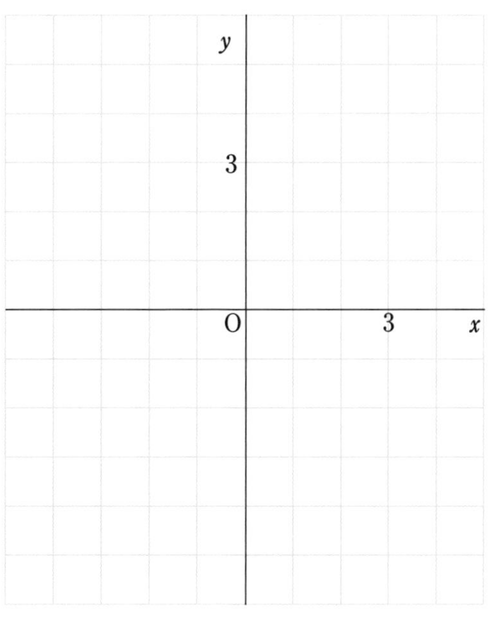

2 右の比例の式を求めましょう.

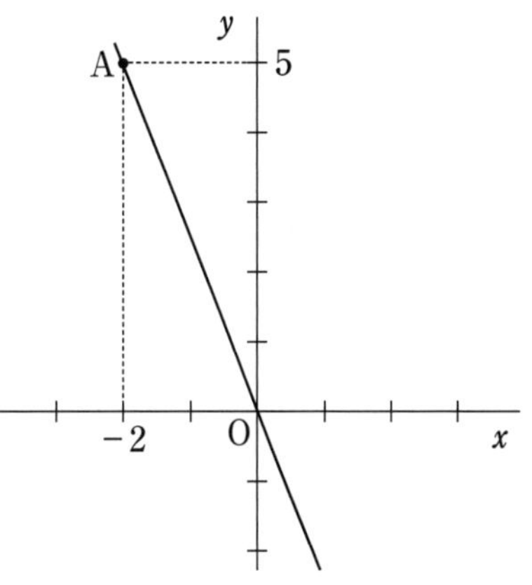

解答 グラフは点 $(-2,\ 5)$ を通ります.
これを $y=ax$ に代入すると

□ ＝ $a\times($　　　$)$

これより　$a=$ □

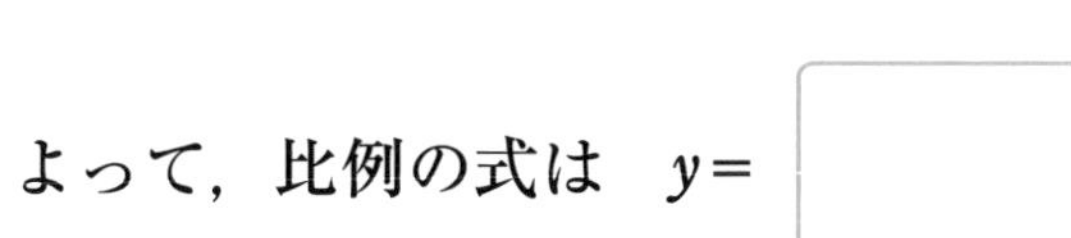

よって, 比例の式は　$y=$ □

STEP 18 REPEAT

1 次の比例の式のグラフをかきましょう.

(1) $y=2x$　　(2) $y=-x$

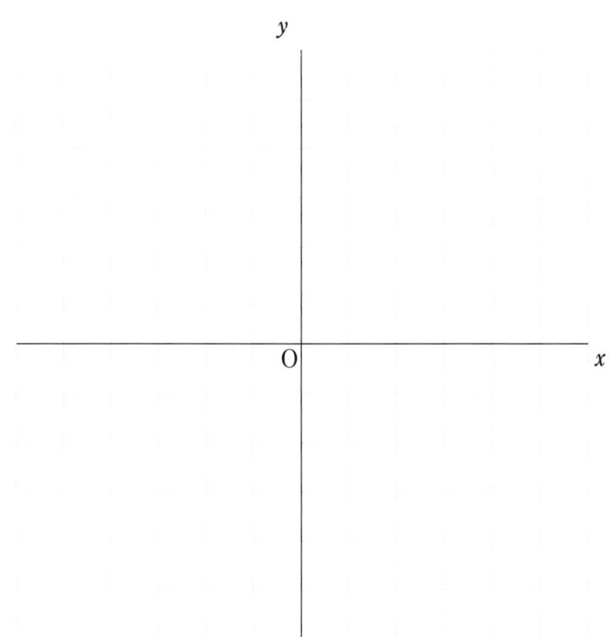

2 右の比例の式を求めましょう.

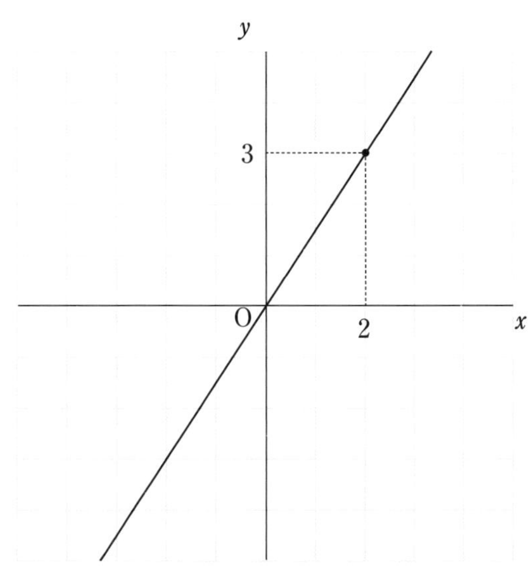

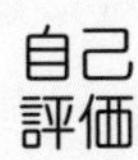

3 右の図の(1)〜(4)のグラフを表す比例の式を次の中から選び答えましょう.

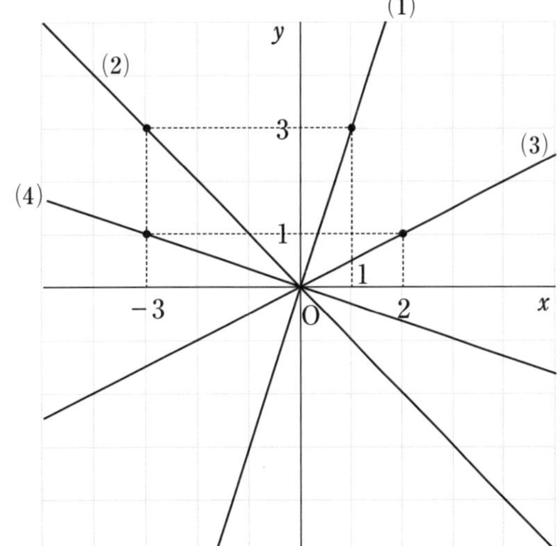

$y=x$,　　$y=3x$,　　$y=\frac{1}{2}x$,　　$y=\frac{1}{4}x$,

$y=-x$,　　$y=-2x$,　　$y=-\frac{1}{3}x$,　　$y=-\frac{1}{4}x$,

(1) ＿＿＿＿＿＿　　(2) ＿＿＿＿＿＿

(3) ＿＿＿＿＿＿　　(4) ＿＿＿＿＿＿

STEP 19

第４章　比例と反比例

反比例

反　比　例：y は x にともなって変わる数量で，x が2倍，3倍，…… になると，y は $\frac{1}{2}$，$\frac{1}{3}$，…… となります．

反比例の式：y は x にともなって変わる数量で $y=\frac{a}{x}$（a は0でない定数，比例定数）と表されます．

これは　$xy=a$　（x と y の積が一定）

y は x に反比例する

⟶ $y=\frac{a}{x}$ とおく

y は x に反比例して，$x=2$ のとき $y=3$ です．このとき，比例定数を求め，y を x の式で表してみましょう．

y は x に反比例するので，比例定数を a として　$y=\frac{a}{x}$　…… ① とおきます．

$x=2$ のとき $y=3$ だから，① に代入して　$3=\frac{a}{2}$　　これより　$a=6$

比例定数は6，反比例の式は　$y=\frac{6}{x}$

1 (1)

x (cm)	1	2	3	4	5	6
y (cm)	6	3	2	1.5	1.2	1

(2) $y=\frac{6}{x}$

2 $2=\frac{a}{4}$　　これより　$a=8$

求める式は　$y=\frac{8}{x}$

基本問題

1 面積が 6 cm^2 の長方形の縦の長さ x cm，横の長さを y cmとします．

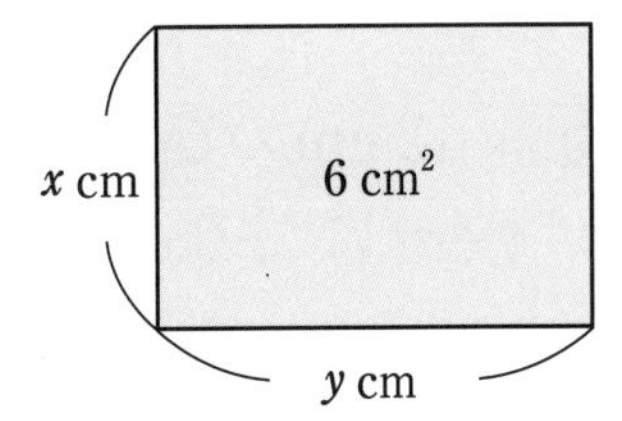

(1) 次の表を完成させましょう．

x (cm)	1	2	3	4	5	6
y (cm)				1.5	1.2	

(2) y を x の式で表しましょう．

$y=$

2 y は x に反比例します．$x=4$ のとき，$y=2$ です．y を x の式で表しましょう．

解答 y は x に反比例するから，比例定数を a として

$y=\dfrac{a}{x}$ …… ① とおくことができます．

$x=4$，$y=2$ を ① に代入して

$\boxed{} = \boxed{\dfrac{a}{}}$

これより　$a=\boxed{}$

求める式は　$y=\boxed{}$

STEP 19 REPEAT

1 12 cmのひもがあります．このひもをx等分すると，1本の長さはy cmになるとします．

(1) 次の表を完成させましょう．

x等分	1	2	3	4	5	6
y（cm）						

(2) yをxの式で表しましょう．

(3) xの値が $1 \leqq x \leqq 6$ のとき，yの変域を求めましょう．

2 yはxに反比例します．$x=3$ のとき $y=-2$ です．このときyをxの式で表しましょう．また，$x=6$ のときのyの値を求めましょう．

学習日

自己評価

3 東京－大阪間を600 kmとします．1 Lのガソリンでx km走る自動車で，東京－大阪間を走るとき，必要なガソリンの量をy Lとします．

(1) 次の表を完成させましょう．

x (km)	5	10	15	20	25	30
y (L)						

(2) yをxの式で表しましょう．

(3) xの値が $5 \leqq x \leqq 30$ のとき，yの変域を求めましょう．

4 yはxに反比例します．$x=4$ のとき $y=3$ です．このときyをxの式で表しましょう．また，$x=-2$ のときのyの値を求めましょう．

STEP 20

第４章　比例と反比例

反比例のグラフ

反比例の式 $y=\frac{a}{x}$ のグラフ

① 原点を通らない２つの曲線

② $a>0$ のとき
　（$x>0$, $y>0$ と
　$x<0$, $y<0$ 部分）

$a<0$ のとき
　（$x<0$, $y>0$ と
　$x>0$, $y<0$ 部分）

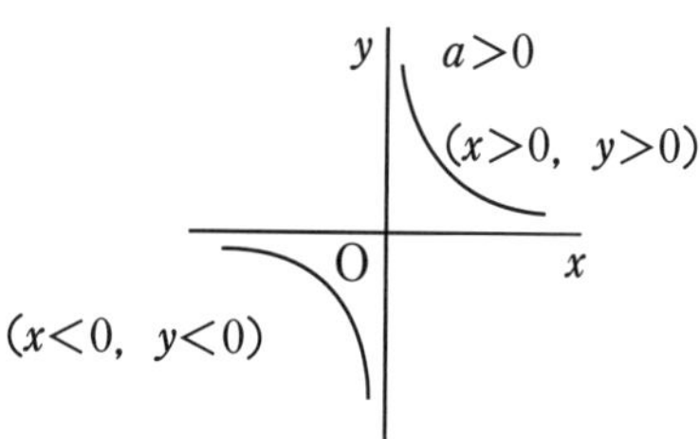

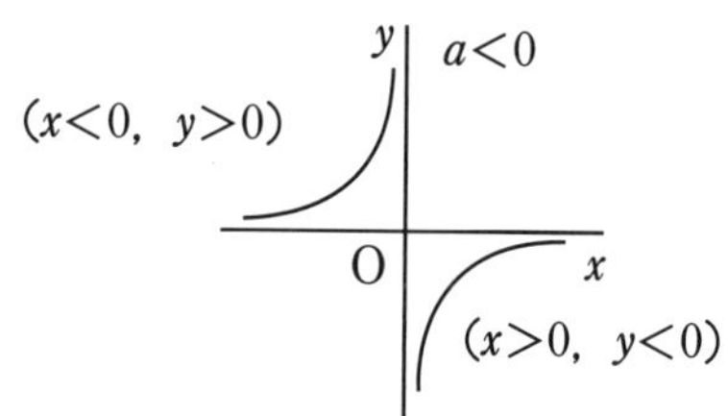

グラフのかき方

対応する点をなめらかな曲線で結ぶ.

$y=\frac{6}{x}$ のとき

x	−6	−5	−4	−3	−2	−1
y	−1	−1.2	−1.5	−2	−3	−6

1	2	3	4	5	6
6	3	2	1.5	1.2	1

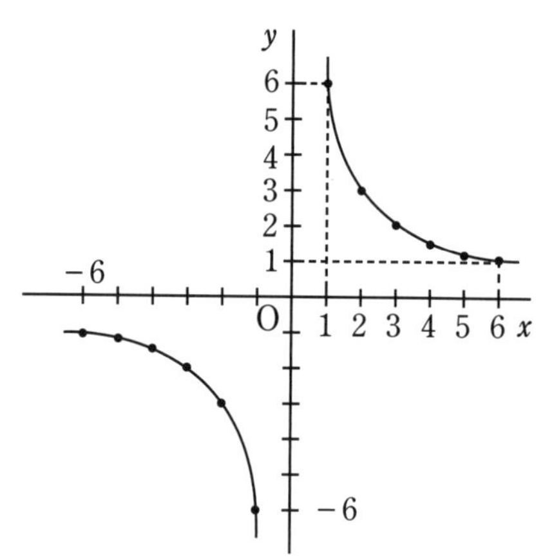

基本問題
答え

(1) $x=-4$ のとき $y=-2$

$x=-2$ のとき $y=-4$

$x=2$ 　のとき $y=4$

$x=4$ 　のとき $y=2$

$x=8$ 　のとき $y=1$

(2)

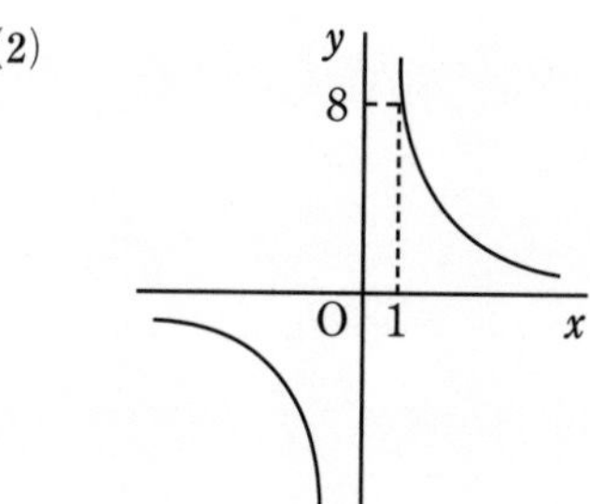

反比例の式 $y=\dfrac{8}{x}$ について，次の問いに答えましょう．

(1) x に対応する y の値を求めましょう．

x	-8	-4	-2	-1	／	1	2	4	8
y	-1			-8	／	8			

(2) $y=\dfrac{8}{x}$ のグラフをかきましょう．

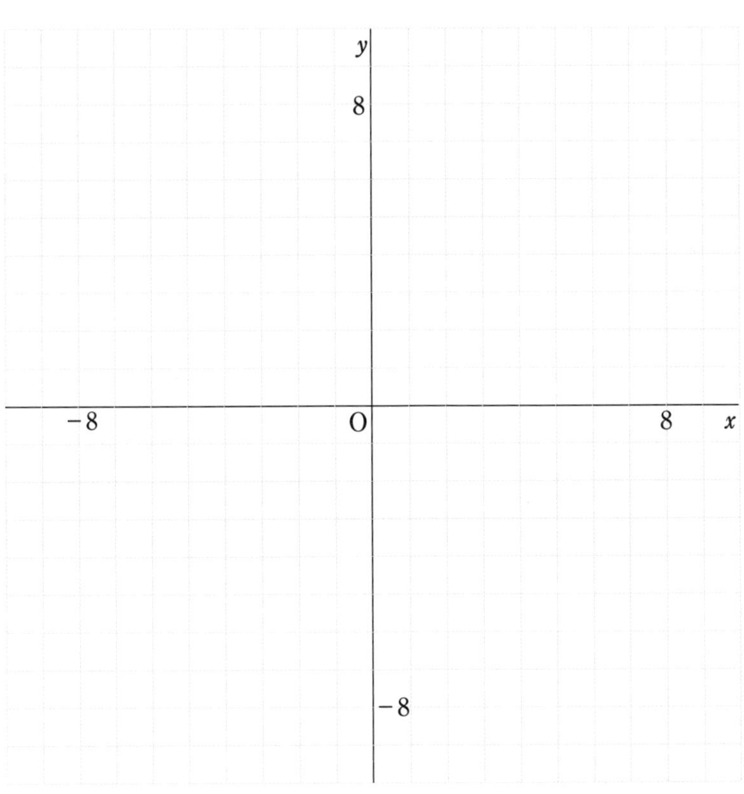

STEP 20

REPEAT

1 反比例の式 $y=-\dfrac{12}{x}$ について，次の問いに答えましょう．

(1) x に対応する y の値を求めましょう．

x	-12	-6	-4	-3	-2	-1	／	1	2	3	4	6	12
y							／						

(2) $y=-\dfrac{12}{x}$ のグラフをかきましょう．

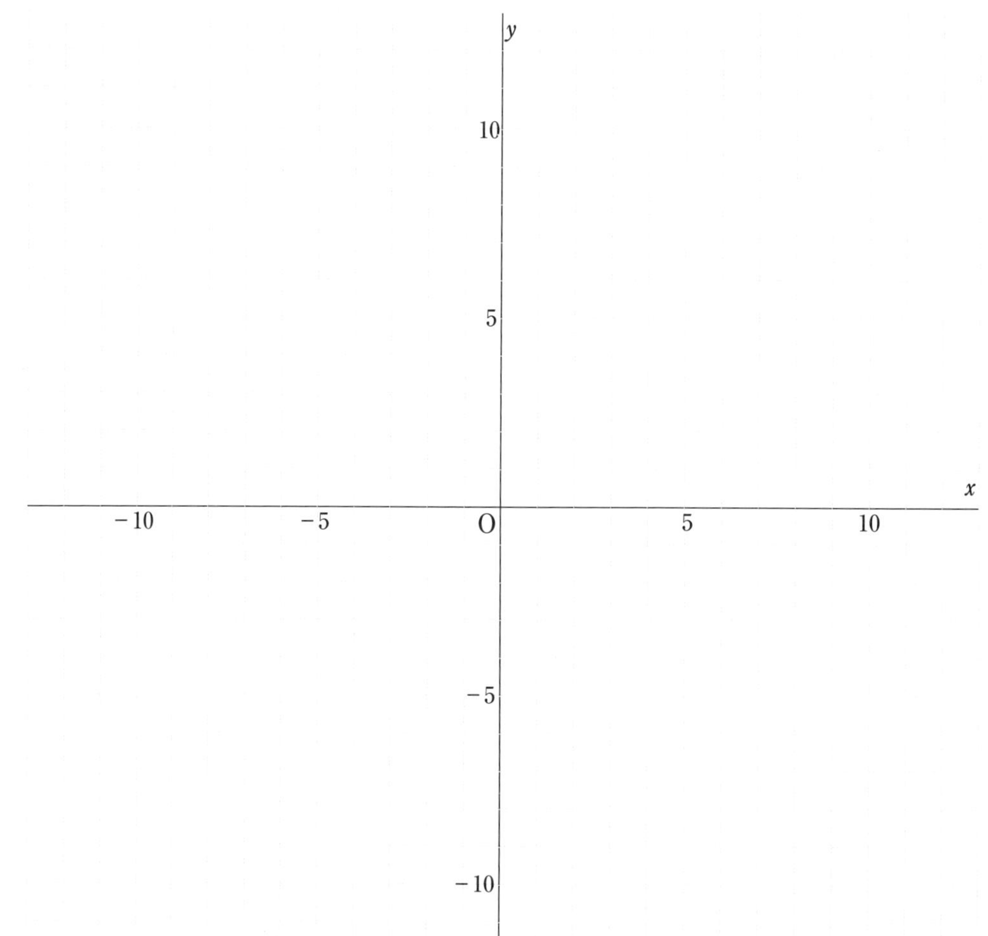

学習日

自己評価

2 図の ①，② のグラフはそれぞれ反比例のグラフです．
① のグラフは点 (3，3) を通り，② のグラフは点 (−2，3) を通ります．

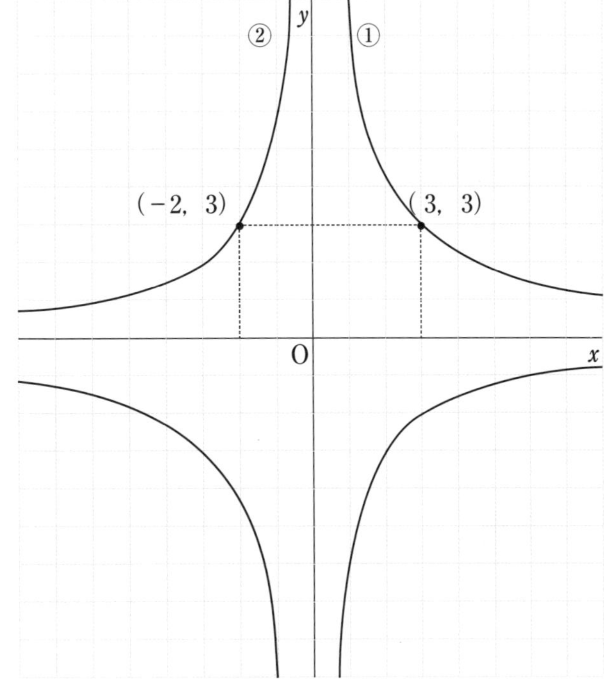

(1) ① の式を求めましょう．

(2) ② の式を求めましょう．

第４章　期末対策

1　次の式で表されるxとyの関係のうち，yがxに比例するものはどれですか．また，yがxに反比例するものはどれですか．記号で答えましょう．

㋐　$y=2x$　　㋑　$y=2x-1$　　㋒　$y=\dfrac{2}{x}$

㋓　$y=\dfrac{1}{3}x$　　㋔　$xy=-3$　　㋕　$\dfrac{y}{x}=5$

比例＿＿＿＿＿＿＿＿　　反比例＿＿＿＿＿＿＿＿

2　右の点A，B，C，Dの座標を求めましょう．

A（　　，　　）

B（　　，　　）

C（　　，　　）

D（　　，　　）

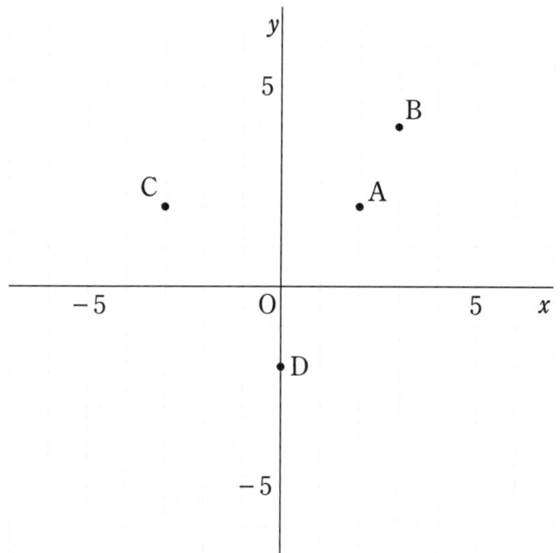

学習日

自己評価

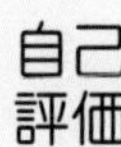

3 次の (1), (2) について，y を x の式で表しましょう．次にそのグラフをかきましょう．

(1) y は x に比例し，
$x=3$ のとき $y=-6$

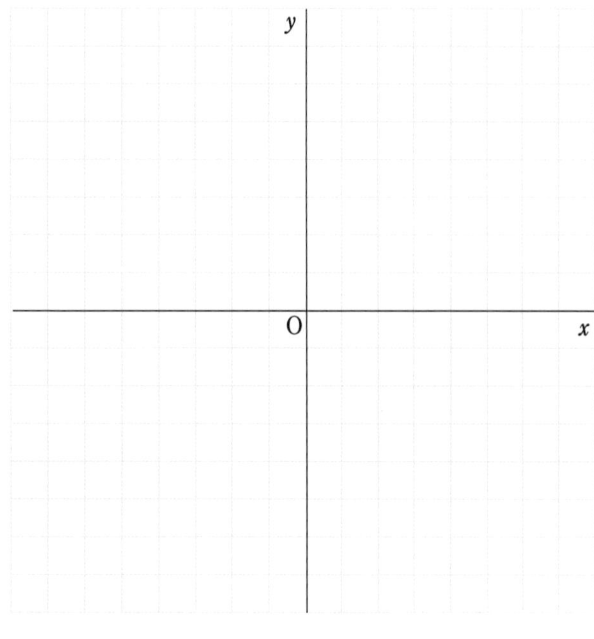

(2) y は x に反比例し，
$x=5$ のとき $y=2$

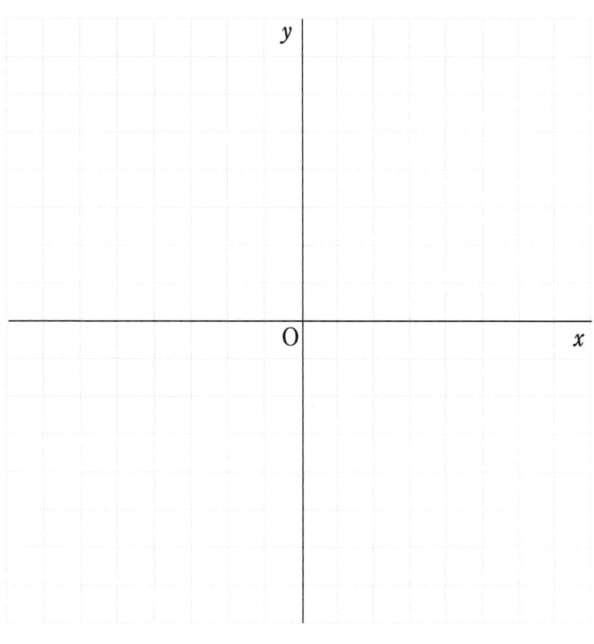

第４章　期末対策

4　y は x に比例し，$x=-3$ のとき $y=6$ です．y を x の式で表しましょう．また，$x=7$ のときの y の値を求めましょう．

5　y は x に反比例し，$x=2$ のとき $y=14$ です．y を x の式で表しましょう．また，$x=7$ のときの y の値を求めましょう．

学習日

自己評価 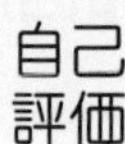 

6 家からおじさんの家まで12 km の道のりがあります．時速4 kmで歩きます．出発してからx時間に歩いた道のりをy kmとします．

(1) yをxの式で表しましょう．

(2) x, yのそれぞれの変域を不等号を使って表しましょう．

7 毎分3Lずつ水を入れると20分でいっぱいになる水槽があります．この水槽に，毎分xLずつ水を入れると，いっぱいになるまでy分かかるとします．yをxの式で表しましょう．

STEP 21

第5章　平面図形

図形の移動（1）

平行移動：図形を一定方向に，
一定の長さだけ移動．

$\left(\begin{array}{l} AA'=BB'=CC' \\ AA' /\!/ BB' /\!/ CC' \end{array}\right)$

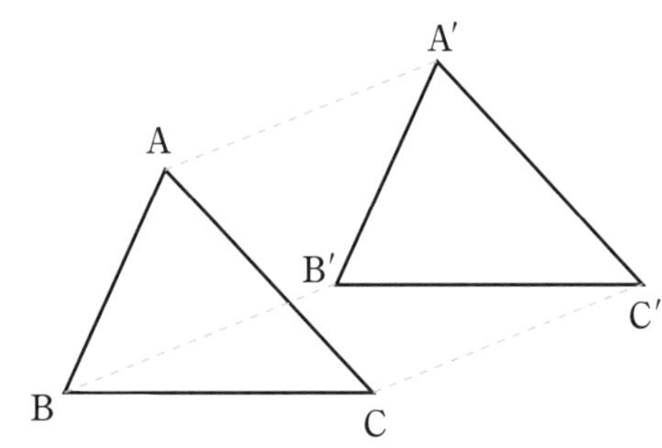

回転移動：図形をある点を中心に一定の
角度だけまわして移動．
Oを回転の中心という．

$\left(\begin{array}{l} AO=A'O \quad BO=B'O \quad CO=C'O \\ \angle AOA'=\angle BOB'=\angle COC' \end{array}\right)$

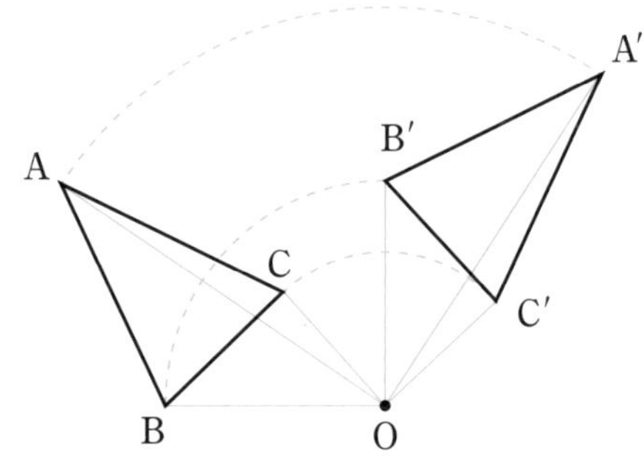

対称移動：ある軸に対して
図形を対称に移動．

（$AA' \perp$（対称軸）など
$AO=A'O$ など）

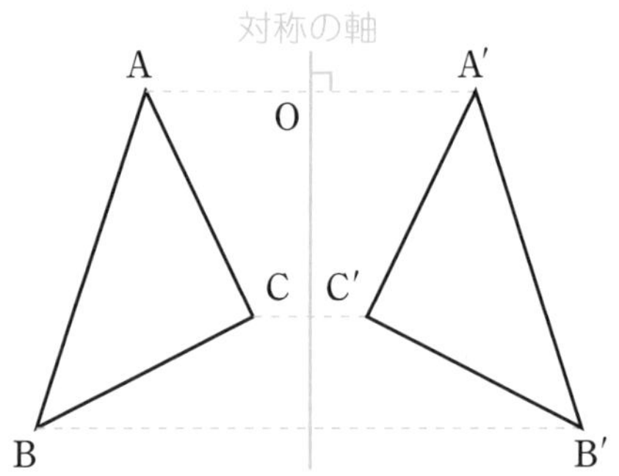

(1)　$AA'=BB'=CC'$，$AA' /\!/ BB' /\!/ CC'$

(2)　$AO=A'O$ など，$\angle AOA'=\angle BOB'=\angle COC'$

(3)　$AA' \perp$（対称軸），$AO=A'O$ など

基本問題

三角形ABCを移動させます．その性質をかきましょう．

(1)　平行移動

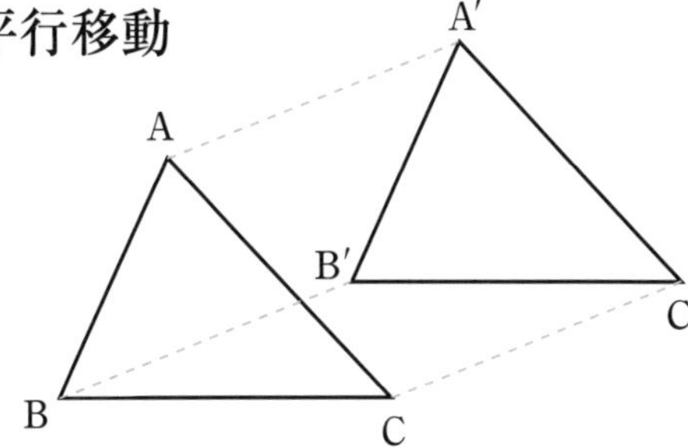

AA′＝ ☐ ＝ ☐

AA′// ☐ // ☐

(2)　回転移動

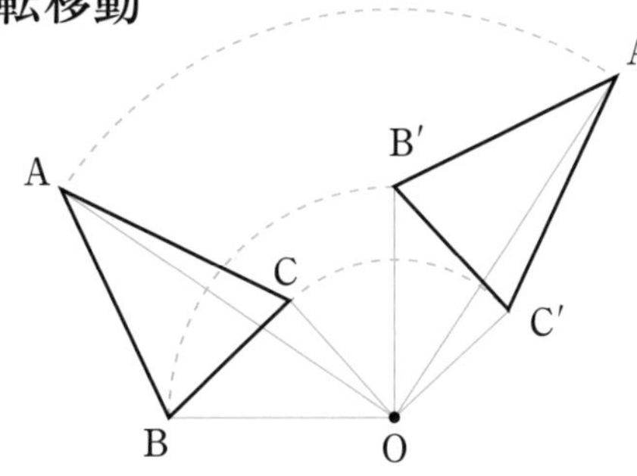

AO＝ ☐ など

∠AOA′＝ ☐

＝ ☐

(3)　対称移動

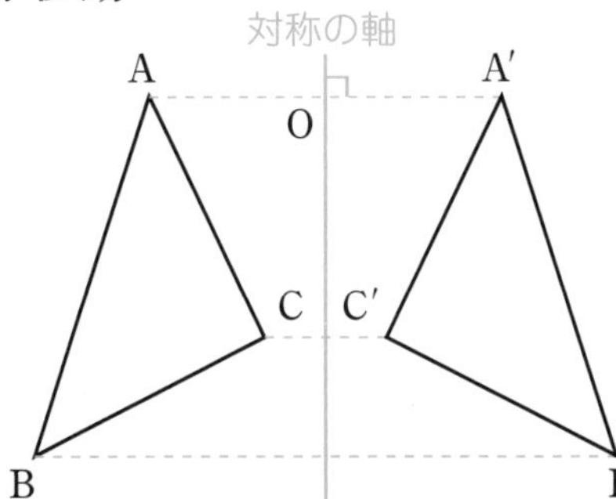

AA′⊥ ☐

AO ＝ ☐ など

点対称の移動

点対称の移動は回転角が180°の場合の回転移動です．

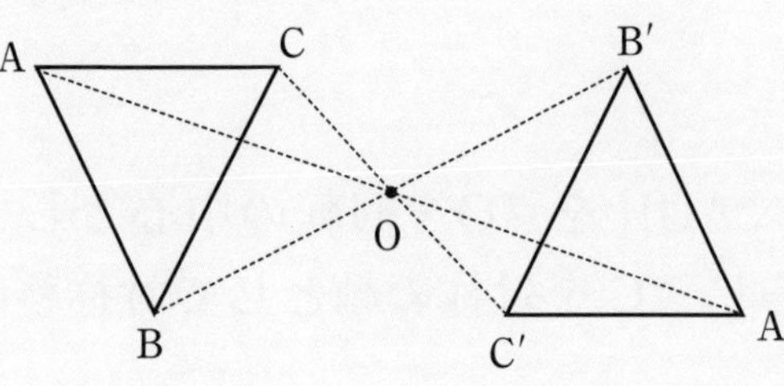

パワーアップ

STEP 21

REPEAT

1　正方形ABCDの対角線の交点をOとして，各辺の中点をE，F，G，Hとして，交点Oを通るようにEG，FHをひくと，8つの合同な直角三角形ができます．

次の三角形を求めましょう．

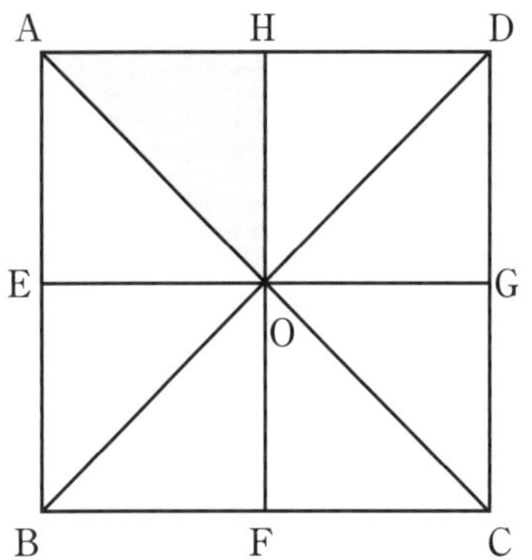

(1)　△AOHを平行移動.　(　　　)

(2)　△AOHをHFを対称の軸として対称移動.

(　　　)

(3)　△AOHをEGを対称の軸として対称移動.

(　　　)

(4)　△AOHを点Oを回転の中心として回転移動.

(　　　)(　　　)(　　　)

(5)　△AOHを点Oを回転の中心として時計まわりに90°回転移動し，さらにACを対称の軸として対称移動.

(　　　)

学習日

自己評価

2 △ABCを矢印の方向に，矢印の長さだけ平行移動させてできる△A′B′C′をかきましょう．

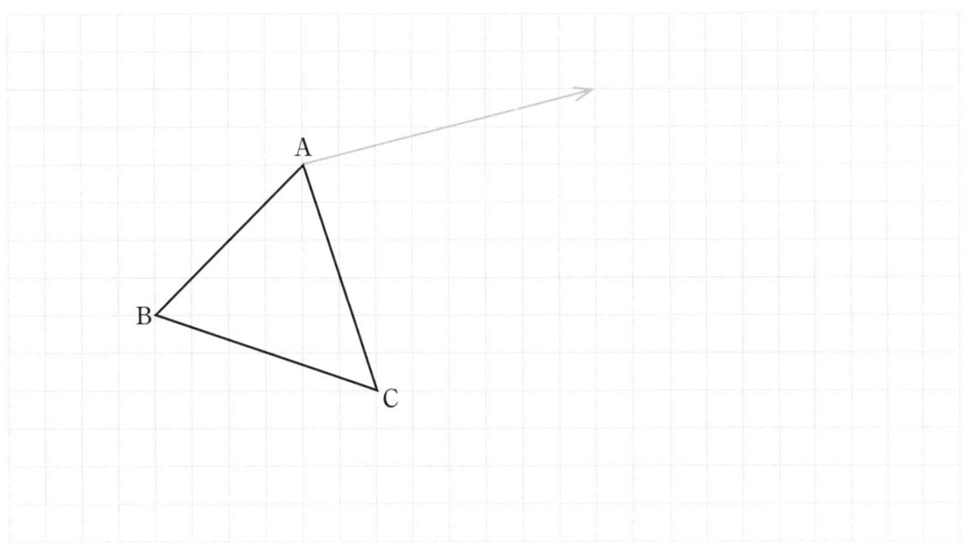

3 △ABCを直線 ℓ，mを対称軸として対称移動させてできる△A′B′C′をかきましょう．

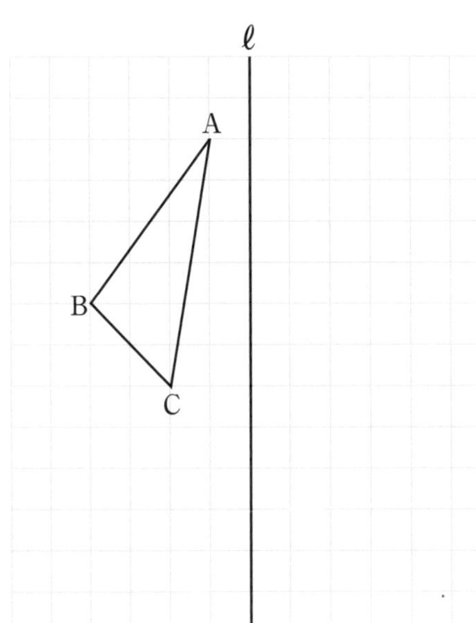

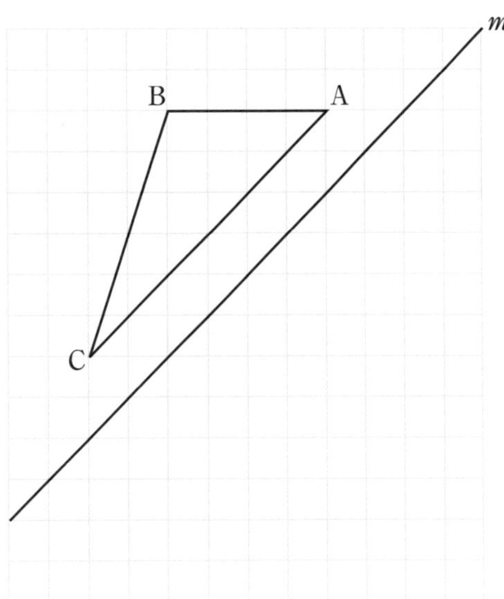

図形の移動（2）

直線 AB：2 点 A，B を通る直線

線分 AB：点 A から点 B までの部分

半直線 AB：点 A からはじまり点 B を通る直線

AB ⊥ CD：2 直線 AB と CD が直角に交わります．

AB // CD：2 直線 AB と CD は平行です．

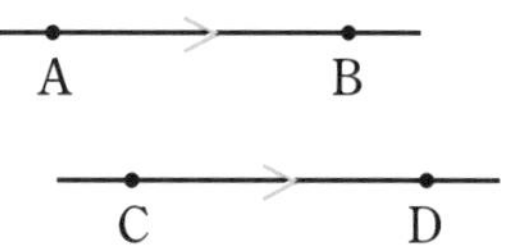

直線を使うと，最短経路を求めることができます．

立方体の点 E から点 A までひもをかけます．

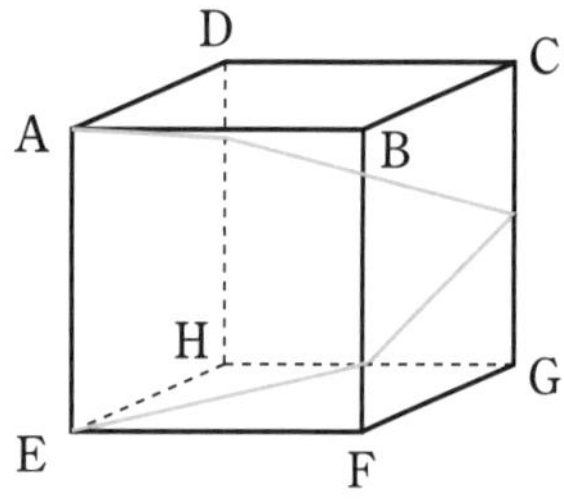

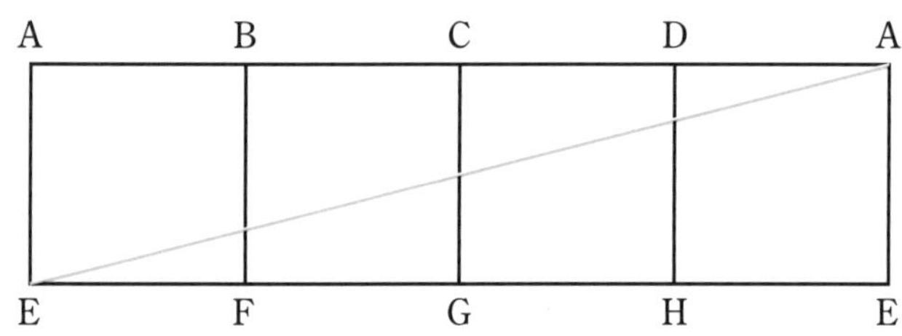

① 直線 AB　② 線分 AB　③ 半直線 AB

④ AB ⊥ CD　⑤ AB // CD　⑥ ∠ABC

基本問題

次の(　　)にあてはまることばを[　　]から選び，かきましょう．

2点A，Bを通る直線を(①　　　　　)と表します．このとき，点Aから点Bまでの間を(②　　　　　)といいます．

点Aからはじまり点Bを通る直線を(③　　　　　)といいます．

2直線AB，CDが垂直であるとき(④　　　　　)と表します．

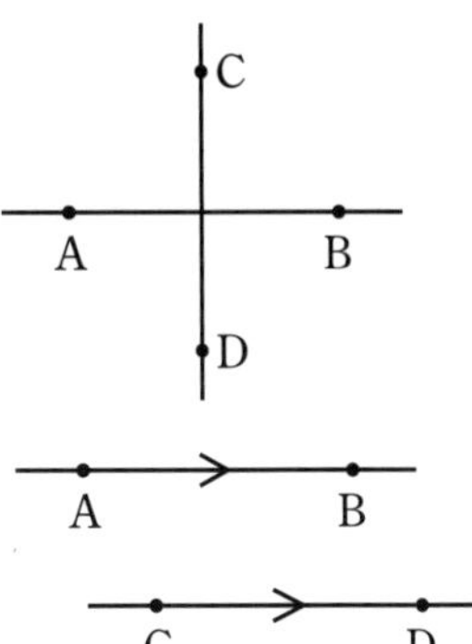

2直線AB，CDが平行であるとき(⑤　　　　　)と表します．

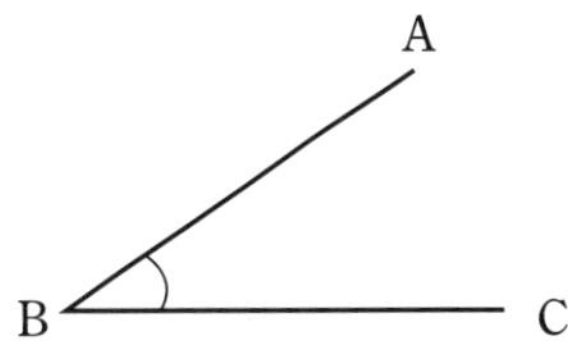

右図のAB，BCのつくる角を(⑥　　　　　)と表します．

直線AB	∠ABC	線分AB	半直線AB	AB∥CD	AB⊥CD

点Aと直線ℓの距離

右図で，点Aから直線ℓに垂線をひき，直線ℓとの交点をHとすると，AHが最短になります．

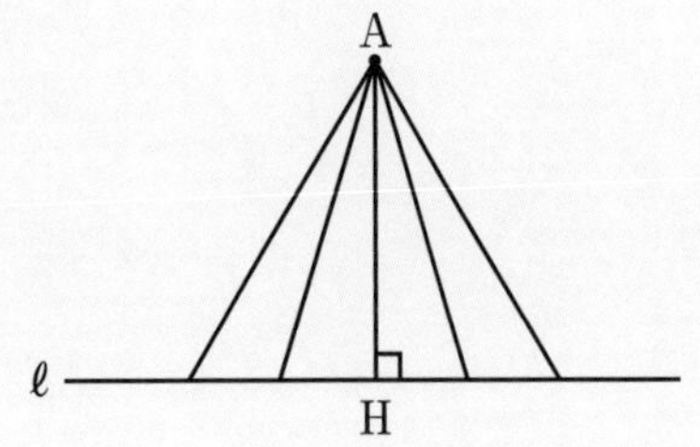

パワーアップ

STEP 22

REPEAT

1 方眼の１めもりは１cm です.

(1) 直線 ℓ からの距離が最も短い点はどの点で何 cm ですか.

(　　　　　　　　　　　　)

(2) 直線 ℓ からの距離が最も長い点はどの点で何 cm ですか.

(　　　　　　　　　　　　)

B

A

ℓ

C

2 直線 ℓ 上に点 P をとり，AP＋PB が最短となる点 P を定めましょう.

A

B

ℓ

学習日

自己評価  

3 △ABC と △ A′B′C′は合同です．△ABC と △ A′B′C′を重ねるにはどのように移動させればよいですか．

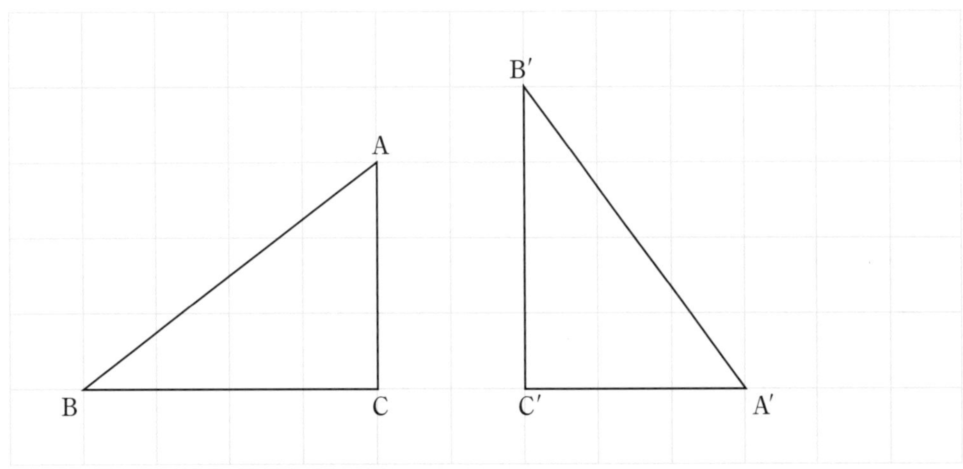

4 ひし形㋐，㋑，㋒があります．

(1) ひし形㋐を㋑に重ねるには，どのように移動させますか．

(2) ひし形㋐を㋒に重ねるには，どのように移動させますか．

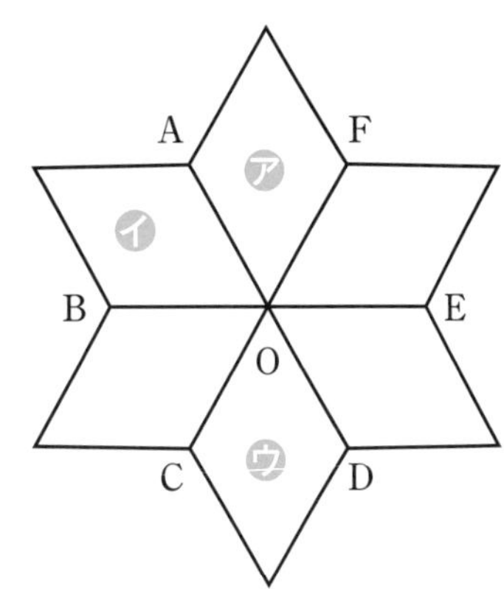

STEP 23

第5章　平面図形

基本的な作図

作　図：定規とコンパスだけで図をかくこと.

垂線を下ろす手順

① Pを中心とする円㋐をかく.

② Aを中心とする同じ半径の円㋑をかく.

③ Bを中心とする同じ半径の円㋒をかく.

④ ㋑，㋒の交点とPを通る直線を引く.

（同じようにして，線分 AB の垂直二等分線も引ける）

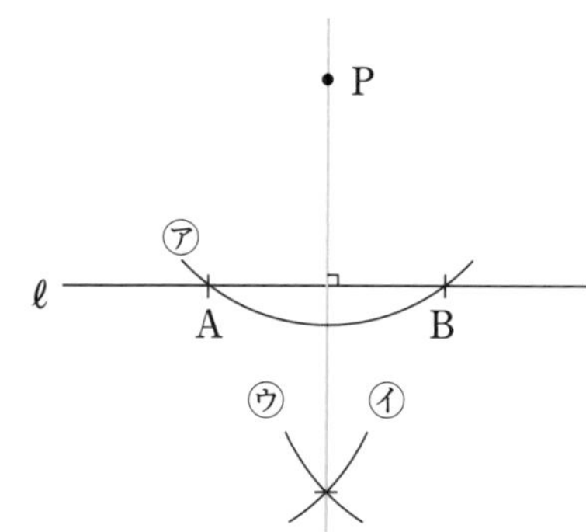

角の二等分線の手順

① Oを中心とする円㋐をかき交点をA，Bとする.

② Aを中心とする円㋑をかく.

③ Bを中心とする㋑と同じ半径の円㋒をかく.

④ ㋑と㋒の交点とOを結ぶ.

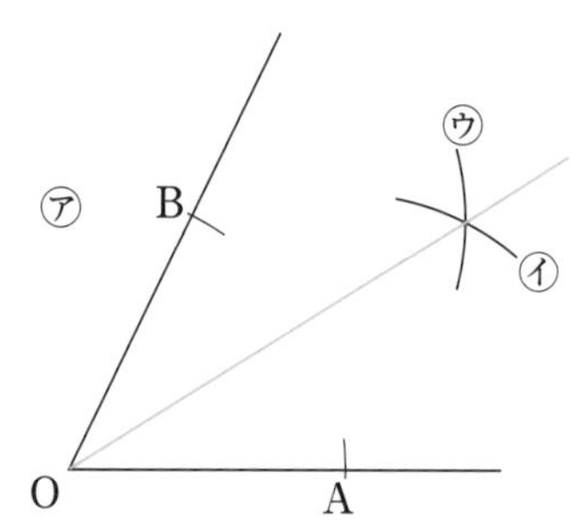

1

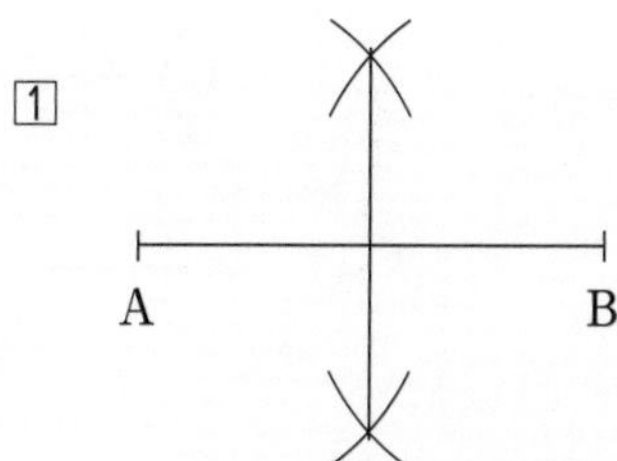

2

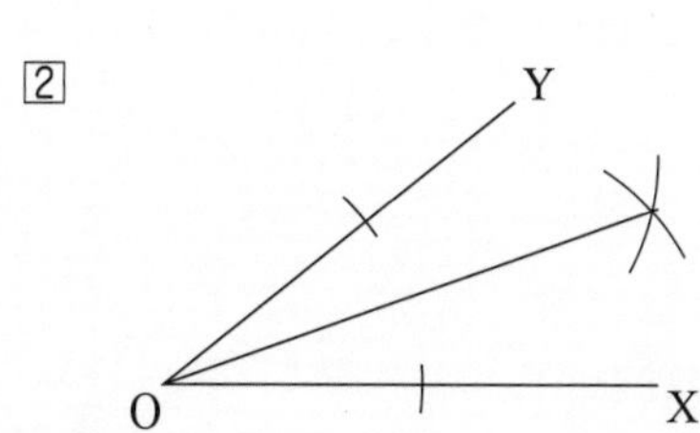

1 線分 AB の垂直二等分線をかきましょう.

2 ∠XOY の二等分線をかきましょう.

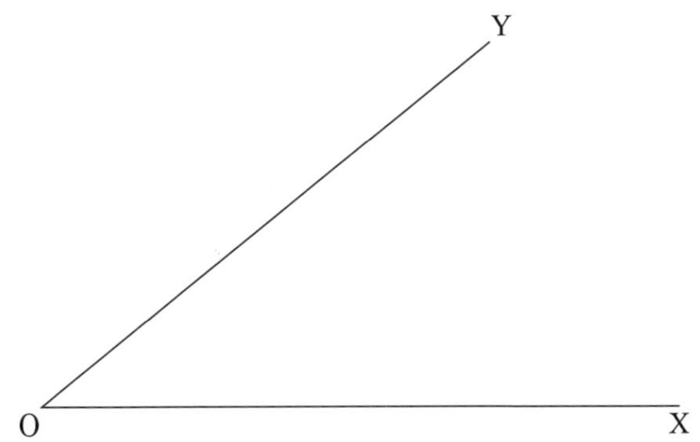

STEP 23

REPEAT

1 点Pから，直線ℓに垂線を引きましょう．

$\cdot P$

ℓ

2 三角形ABCの頂点Aから，辺BCに垂線を引きましょう．

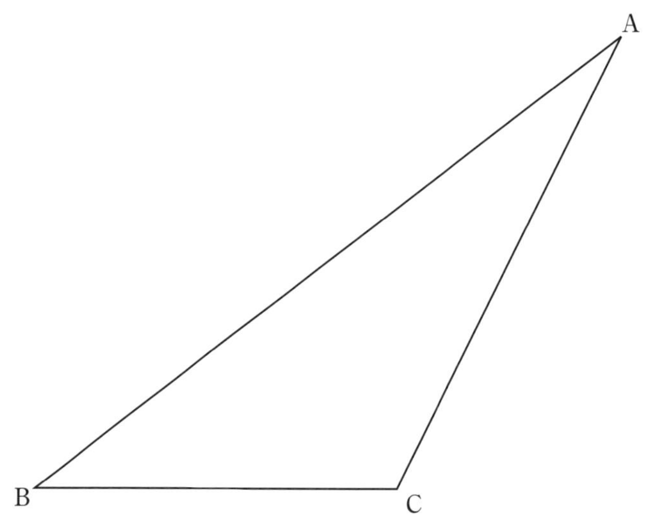

学習日

自己評価

再度チャレンジ

ナットク

完全合格

3 三角形 ABC の角 B の二等分線をかきましょう.

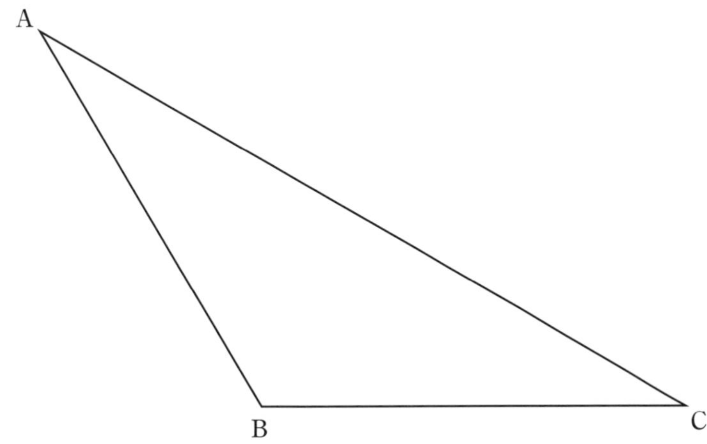

4 直線 ℓ 上にあって, 2 点A, B から等しい距離にある点 P をかきましょう.

•B

A•

ℓ

STEP 24

第５章　平面図形

円と扇形

弧：円周の一部，$\overset{\frown}{AB}$ のように表します．
弧 AB と読みます．

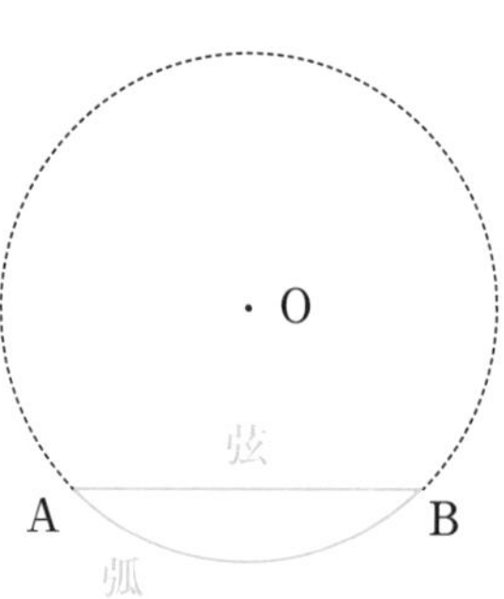

弦：線分 AB を弦 AB といいます．
中学では円周率 3.14 を π（パイ）として表します．

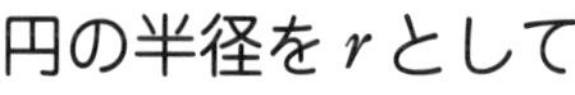
円の半径を r として

$$(\text{円周の長さ})=2\pi r$$

$$(\text{円の面積})=\pi r^2$$

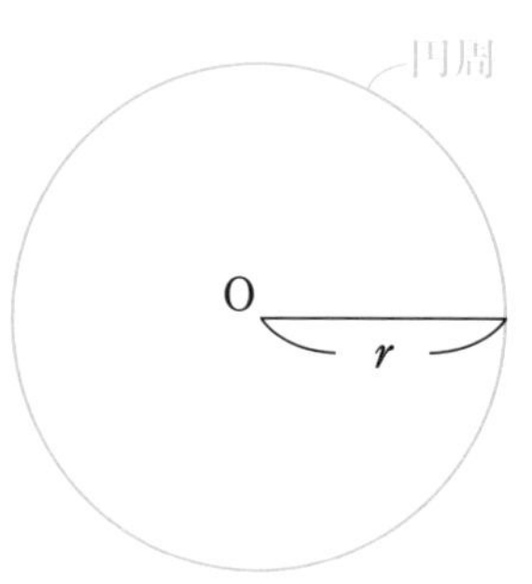

扇形：弧ABと，半径OA，OB で囲まれた図形．
扇形の中心角を $a°$ とすると

$$(\text{扇形の弧の長さ})=2\pi r\times\frac{a}{360}$$

$$(\text{扇形の面積})=\pi r^2\times\frac{a}{360}$$

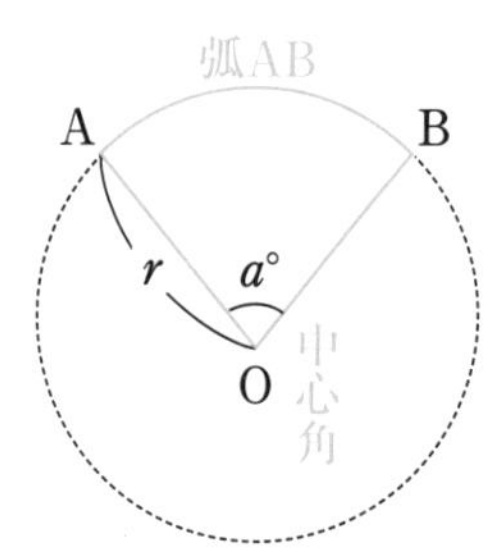

1　①　扇形　　②　中心角　　③　線対称

2　弧の長さ　$2\times10\times\pi\times\frac{60}{360}=\frac{10}{3}\pi$　(cm)

扇形の面積　$\pi\times10^2\times\frac{60}{360}=\frac{50}{3}\pi$　(cm^2)

基本問題

1 次の □ にあてはまることばをかきましょう.

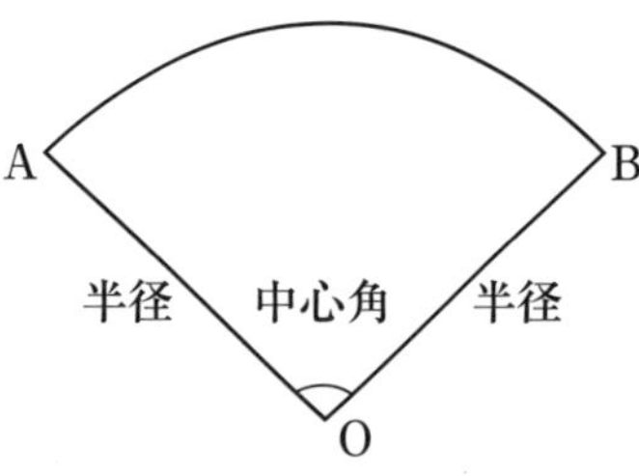

右のような形を  といいます. ∠AOB を $\overset{\frown}{AB}$ に対する ② □ といいます.

この形は  な図形です.

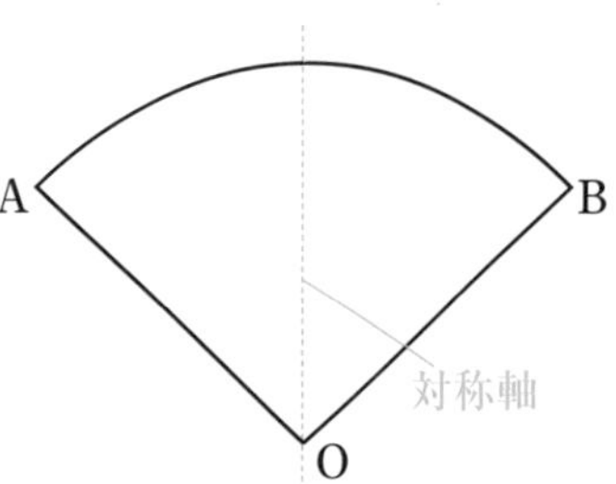

2 半径 10 cm, 中心角 60° の扇形の弧の長さと扇形の面積を求めましょう.

解答 弧の長さは

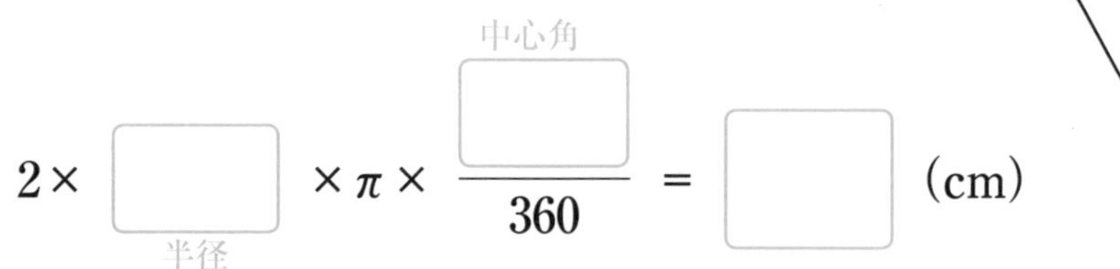

$2\times$ □(半径) $\times\pi\times\dfrac{\square(中心角)}{360}=$ □ (cm)

扇形の面積は

$\pi\times$ □^{2}(半径) $\times\dfrac{\square(中心角)}{360}=$ □ (cm^2)

円周と円の面積

中学になると, 円周率は π で表し円周の長さも, 円の面積も, スッキリと表せます.

(円周) $=2\pi r$

(円の面積) $=\pi r^2$

パワーアップ

STEP 24 REPEAT

1 半径 5 cm，中心角 120° の扇形があります．

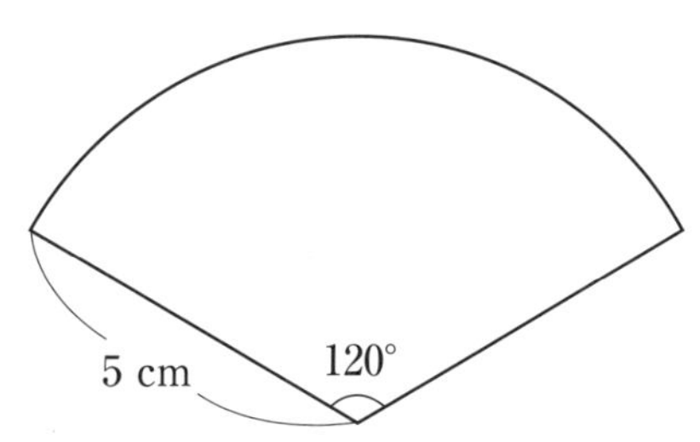

(1) 弧の長さを求めましょう．

(2) 扇形の面積を求めましょう．

2 扇形 OAB の中心角は 30° です．他の扇形 OBC や扇形 OCD や扇形 ODE の中心角も 30° とします．

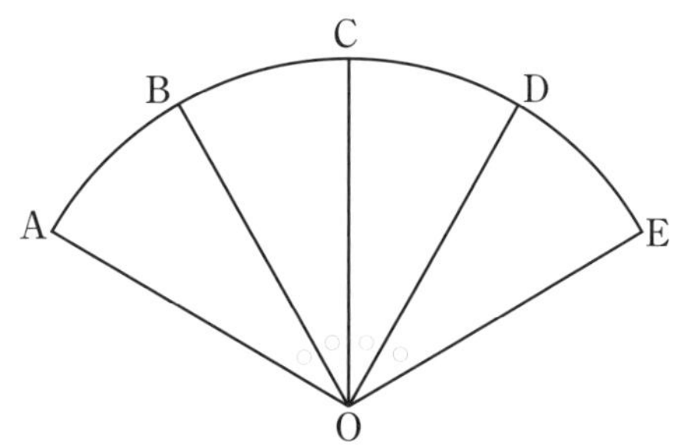

(1) 扇形 OAE の面積は，円 O の面積の何分の 1 ですか．

(2) 弧 AB と弧 AE の長さの比を求めましょう．

学習日

自己評価

3 半径が 4 cm，弧の長さが 2π cm の扇形があります．
この扇形の中心角を $a°$ として，方程式をつくり解きましょう．

$$\underset{\text{弧の長さ}}{\underline{2\pi}} = 2\pi \times \underset{\text{半径}}{\underline{\qquad}} \times \frac{a}{360}$$

4 半径が 3 cm，面積が $3\pi \text{cm}^2$ の扇形があります．
この扇形の中心角を$a°$として，方程式をつくり解きましょう．

$$\underset{\text{面積}}{\underline{3\pi}} = \pi \times \underset{(\text{半径})^2}{\underline{\qquad}} \times \frac{a}{360}$$

第５章　期末対策

1　図の㋐～㋔の三角形は，すべて同じ大きさの正三角形です．次の条件にあてはまる三角形を選びましょう．

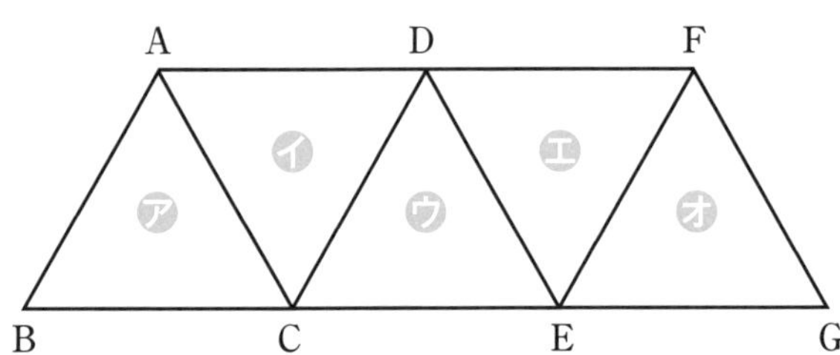

(1)　㋒を平行移動させた三角形　（　　，　　）

(2)　点 C を回転の中心として，㋐を回転移動させた三角形

（　　，　　）

(3)　線分EFを対称の軸として，㋔を対称移動させた三角形

（　　　　）

2　A を出発して川で水をくみ，B まで運ぶときの最短経路をかきましょう．A から C へ最短で行くとき，川のどこに橋をつくりますか．

A•

•B

川

• C

学習日

自己評価  

3 直線 AB 上の点 O から半直線 OX が引いてあります.

(1) ∠AOX の二等分線 OP, ∠BOX の二等分線 OQ を引きましょう.

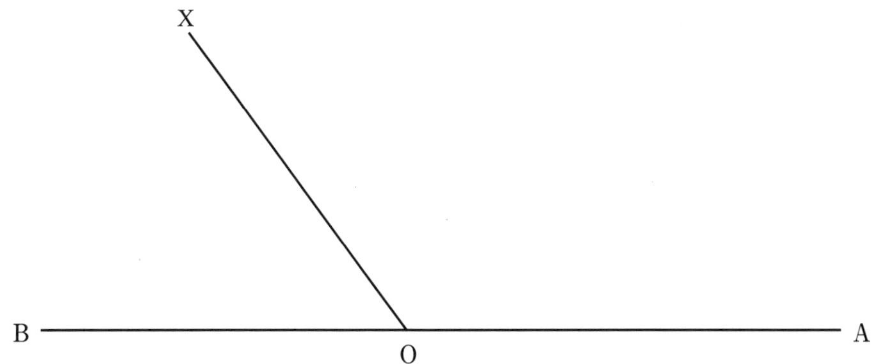

(2) ∠POQ を求めましょう.

4 半径 8 cm, 中心角 45° の扇形があります.

(1) 弧の長さを求めましょう.

(2) 扇形の面積を求めましょう.

第5章　期末対策

5　三角形 ABC があります.

(1)　3点 A, B, C を通る円をかきましょう.

ヒント　辺 AB, BC, CA の垂直二等分線の交点が円の中心.

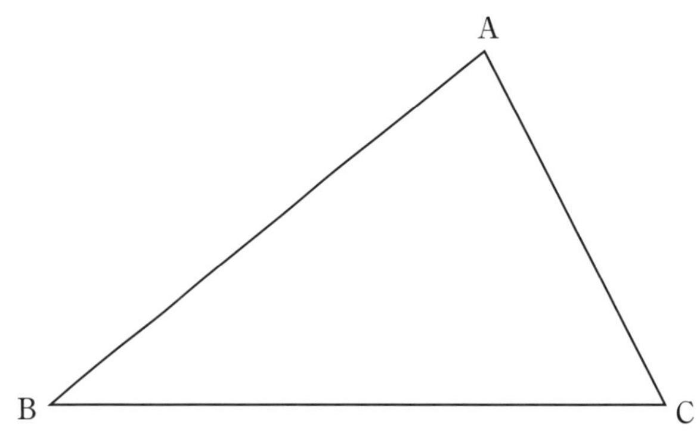

(2)　三角形 ABC の内角に接する円をかきましょう.

ヒント　∠A, ∠B, ∠C, の二等分線の交点が円の中心.

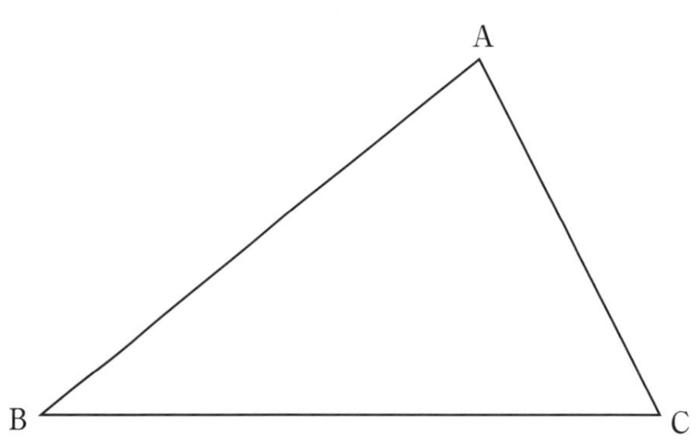

学習日

自己評価

6　2つの長方形とその長方形の対角線をかき入れたものです.

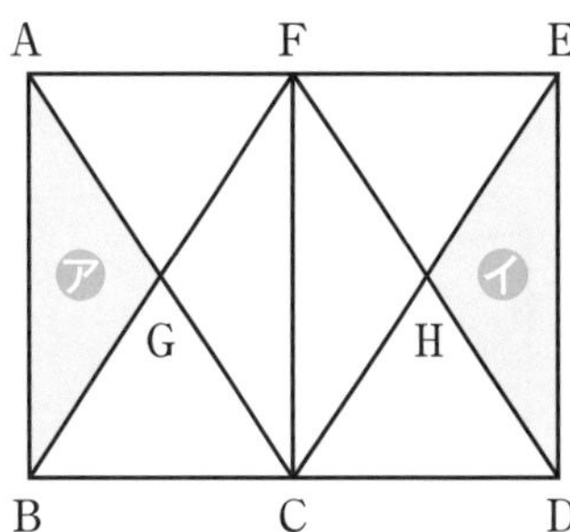

(1)　三角形アを1回の移動で三角形イに重ね合わせるにはどうしたらよいですか.

(　　　　)

(2)　三角形アを2回の移動で三角形イに重ね合わせるにはどうしたらよいですか.

(　　　　)

7　正方形ABCDがあります.

頂点Aが辺CDの中点Mに重なるように折ったとき，折り目の線をかきましょう.

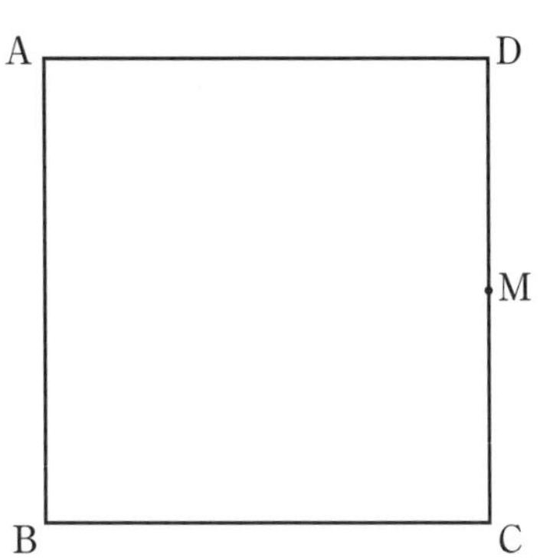

STEP 25

第6章　空間図形

いろいろな立体

いろいろな立体

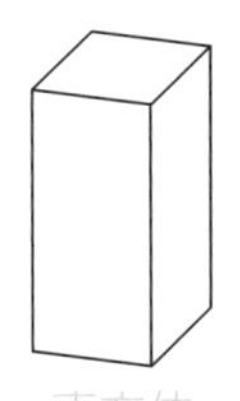
直方体

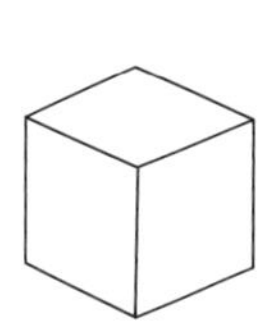
立方体

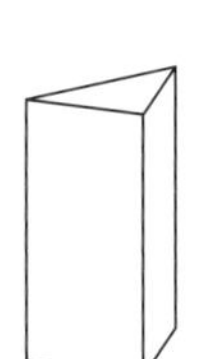
三角柱

円柱

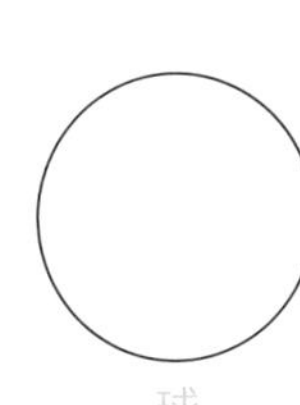
球

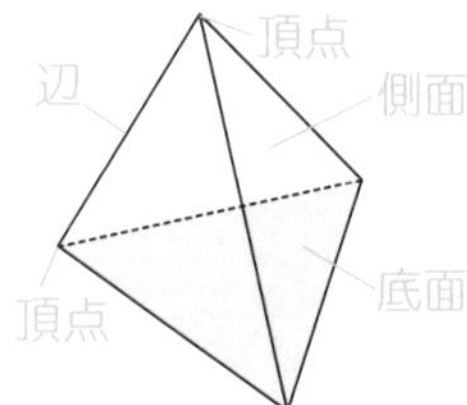

三角すい

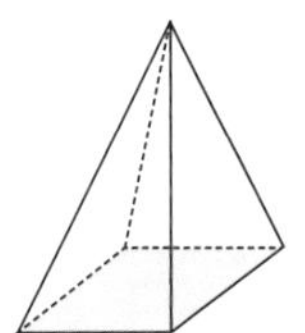
四角すい

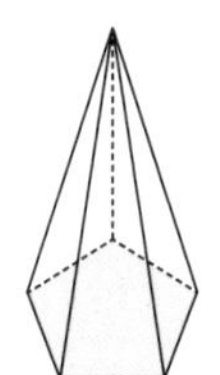
五角すい

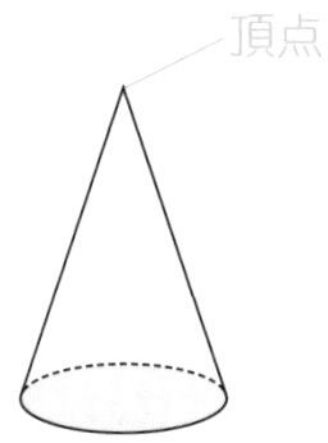

円すい

正多面体

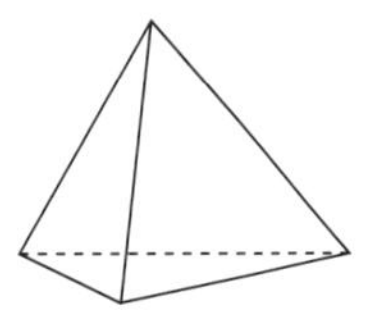
正四面体

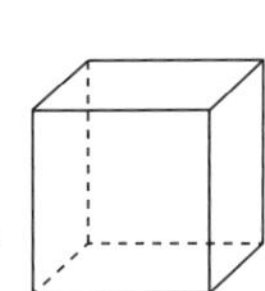
正六面体

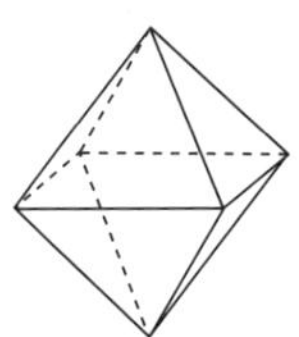
正八面体

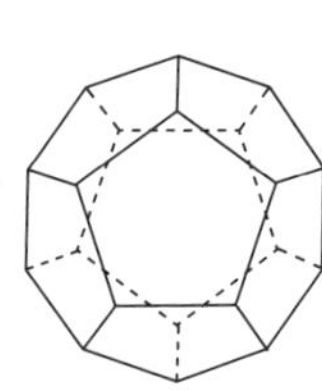
正十二面体

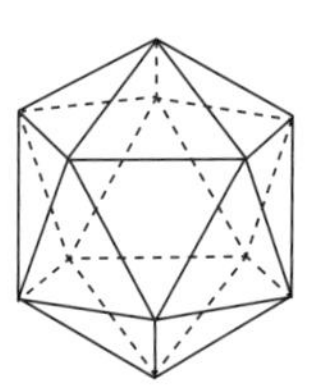
正二十面体

面を垂直に動かして立体をつくる

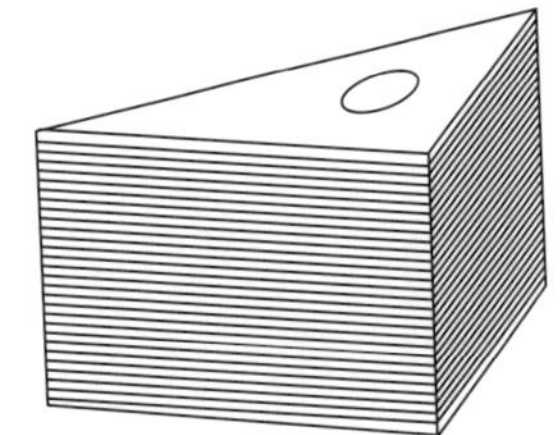

面を回転させて立体をつくる

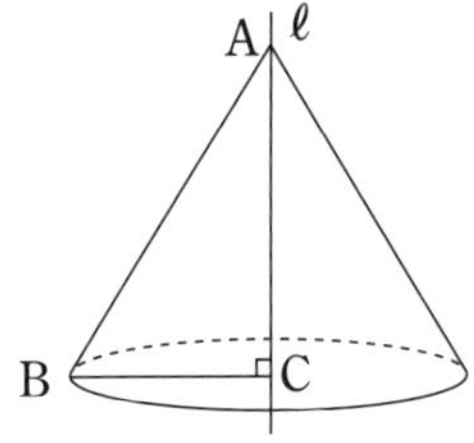

1

	頂点の数	辺の数	面の数
直方体	8	12	6
三角柱	6	9	5
三角すい	4	6	4

2　(1)　ABCD－EFGH　　(2)　円すい，母線

基本問題

1 左のページの直方体・三角柱・三角すいのそれぞれについて，頂点の数，辺の数，面の数を調べ，表にかきましょう．

	頂点の数	辺の数	面の数
直方体			
三角柱			
三角すい			

2 次の [　　] にあてはまることばをかきましょう．

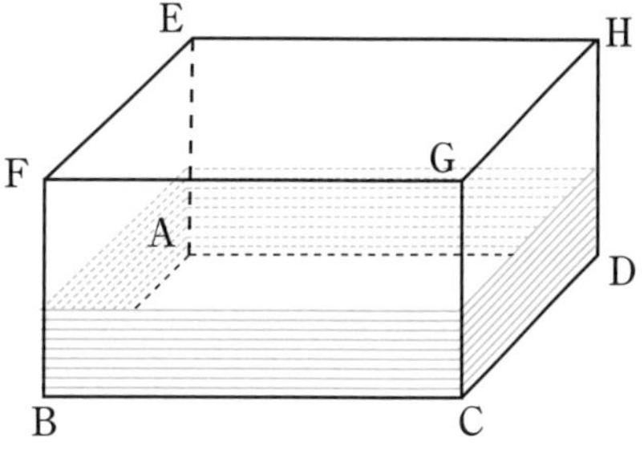

(1) 図のように長方形 ABCD を垂直に移動させると，直方体 [ABCD－　　　　] をつくることができます．

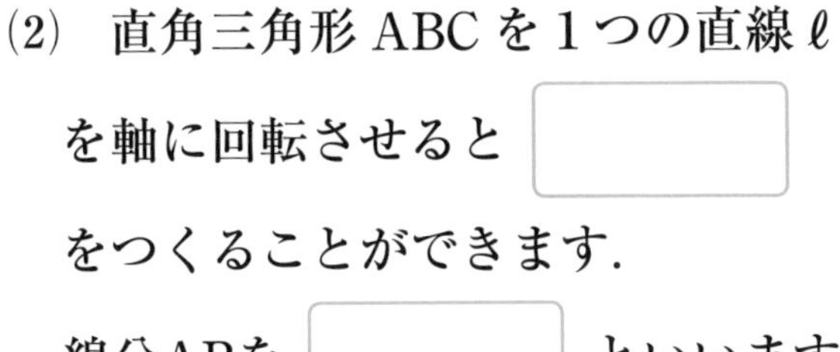

(2) 直角三角形 ABC を 1 つの直線 ℓ を軸に回転させると [　　　　] をつくることができます．

線分ABを [　　　　] といいます．

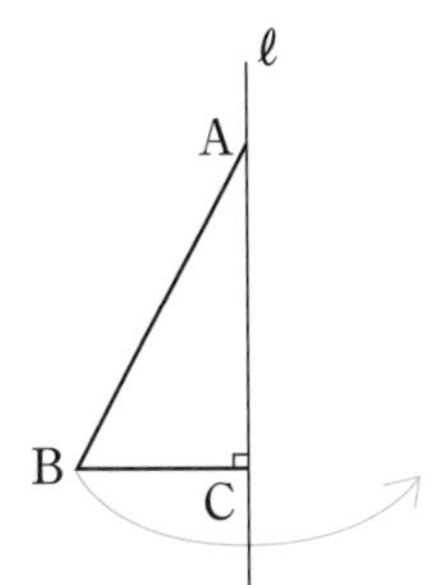

STEP 25 REPEAT

1 5つの正多面体について，頂点の数，辺の数，面の数を調べ，表にまとめましょう．

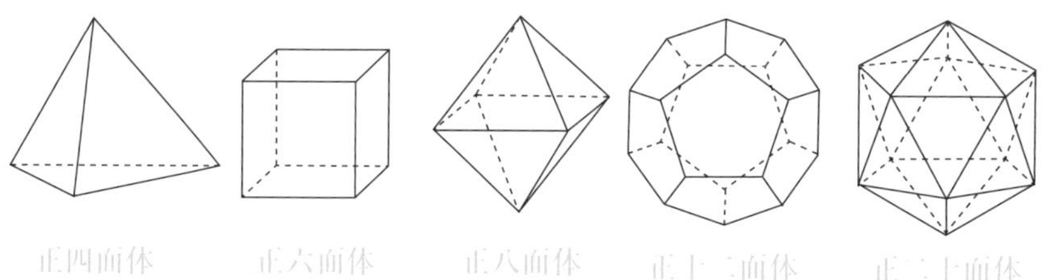

	頂点の数	辺の数	面の数	面の形
正四面体				正三角形
正六面体				正方形
正八面体				正三角形
正十二面体				正五角形
正二十面体				正三角形

オイラーの定理

立体について （頂点の数）＋（面の数）－（辺の数）＝2
が成り立ちます．

学習日

自己評価

2　次の図形を，回転の軸 ℓ を中心に1回転させると，どんな立体ができますか．見取図をかきましょう．

(1)

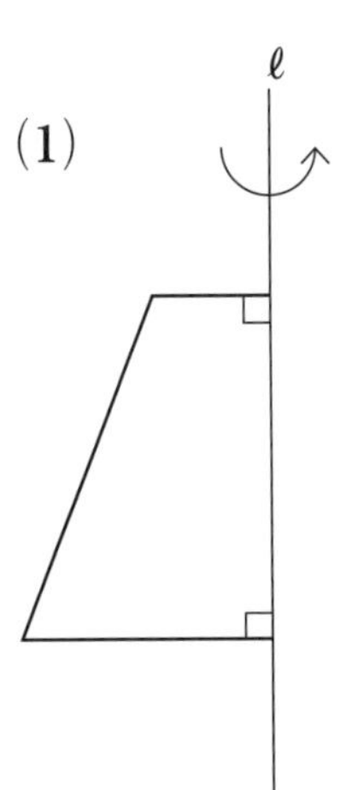

見取図

(2)

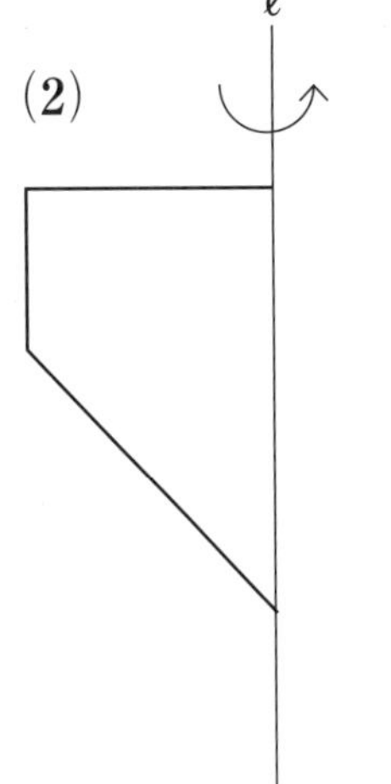

見取図

(3)

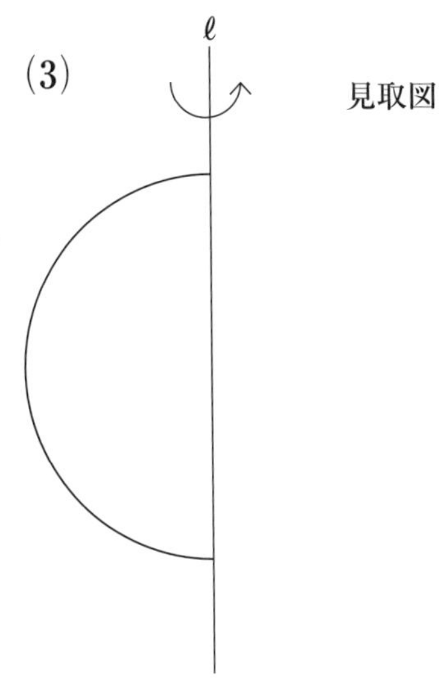

見取図

半円

(4)

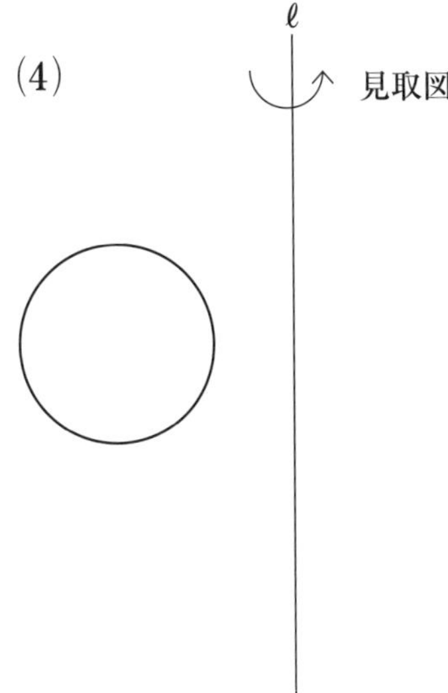

見取図

円が軸から
離れている

STEP 26

第6章　空間図形

直線と平面の位置関係

直線と直線の位置関係

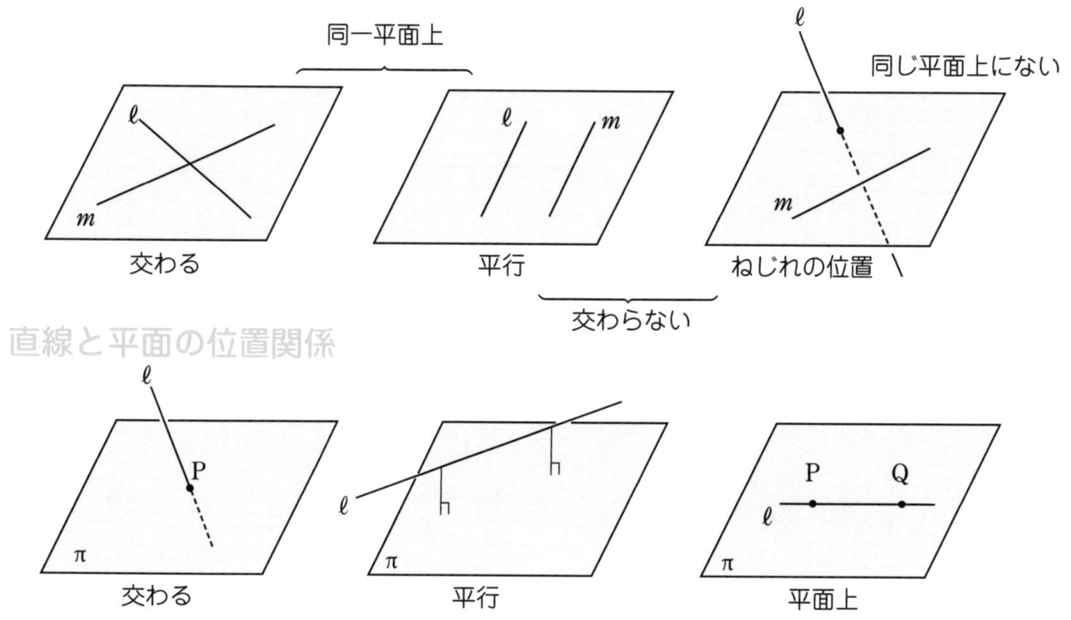

平面と平面の位置関係

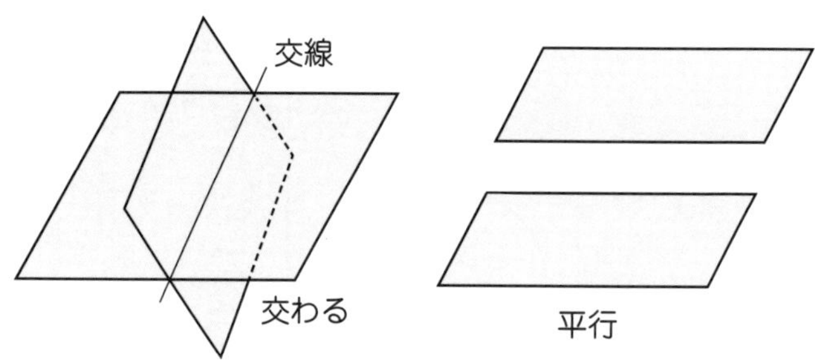

基本問題答え

(1)　AD, CF

(2)　AB, CB, DE, FE

(3)　BC, EF, BEFC

(4)　AB, AC, DE, DF

(5)　AD, BE, CF

基本問題

図の三角柱について，□にあてはまる記号を入れましょう．

(1)　直線 BE と平行な直線は

直線 □，□ です．

(2)　直線 BE と垂直な直線は

直線 □，□，□

□ です．

(3)　直線 AD とねじれの位置にある直線は直線 □，□

です．直線 AD と平行な平面は平面 □ です．

(4)　平面 BEFC と交わる直線は，直線 □，□，

□，□ です．

(5)　面 ABC に垂直な辺は □，□，□ です．

カメラの三脚

カメラを支える三脚は，地面に接する異なる 3 点で平面ができて，安定してカメラを支えることができるのです．

STEP 26

REPEAT

1 直方体 ABCD-EFGH があります.

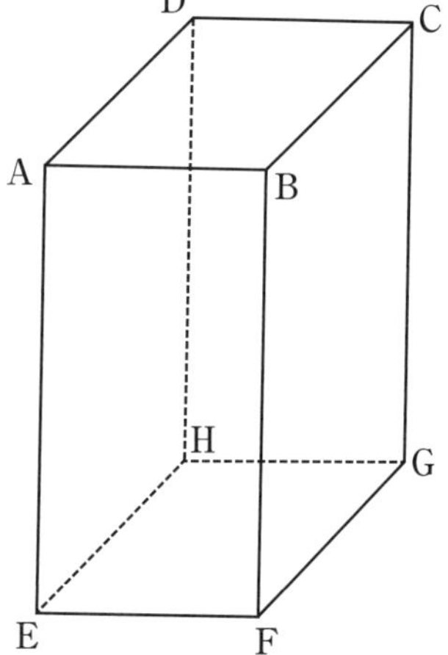

(1) 直線 AB と平行な直線を答えましょう.

(2) 直線 AB と交わる直線を答えましょう.

(3) 直線 AB とねじれの位置にある直線を答えましょう.

(4) 平面 ABCD と平行な直線を答えましょう.

2 次の［　　］にあてはまることばをかきましょう.

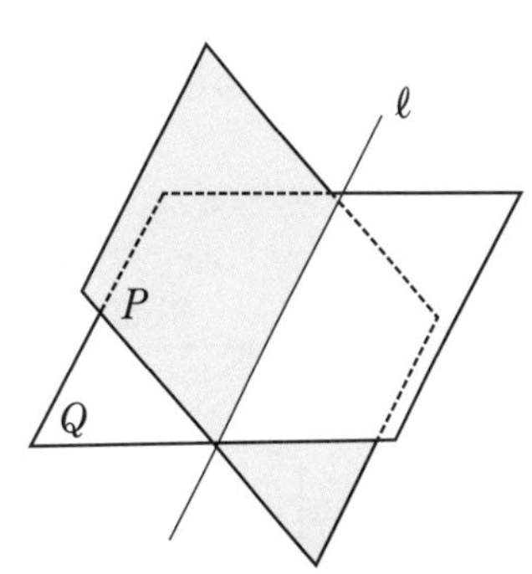

2つの平面P，Qが交わるとき，その交わる部分は直線ℓとなりℓを2平面の［①　　］といいます.

また，2つの平面P，Qが交わらないとき，PとQは［②　　］といい，$P /\!/ Q$とかきます.

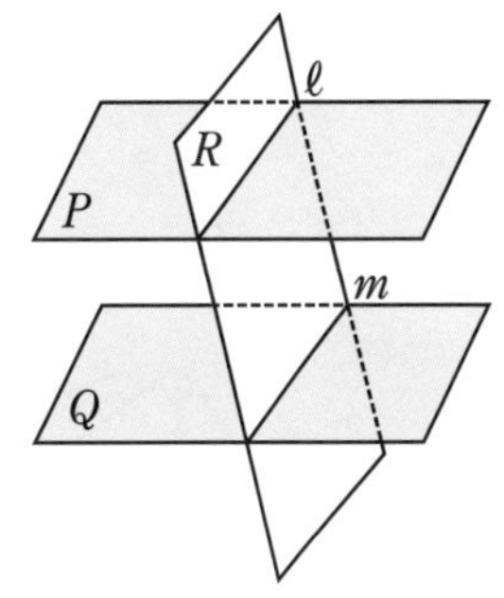

平行な2平面にもう1つ平面Rが交わってできる交線ℓ，mは［③　　］になります.

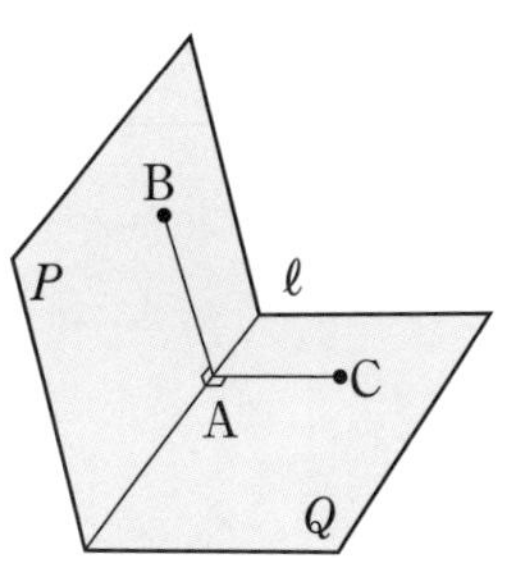

2つの平面P，Qが交わるとき，交線上に点Aをとり，平面P上に点Bをとり $\mathrm{AB} \perp \ell$，平面Q上に点Cを $\mathrm{AC} \perp \ell$ となるようにとります.

このとき $\angle\mathrm{BAC}=90^\circ$ ならば平面PとQは［④　　］であるといい，$P \perp Q$とかきます.

STEP 27

第6章　空間図形

立体の展開図

展開図：立体を辺にそって切り開いた図.
　　（重なる部分の長さは等しい）

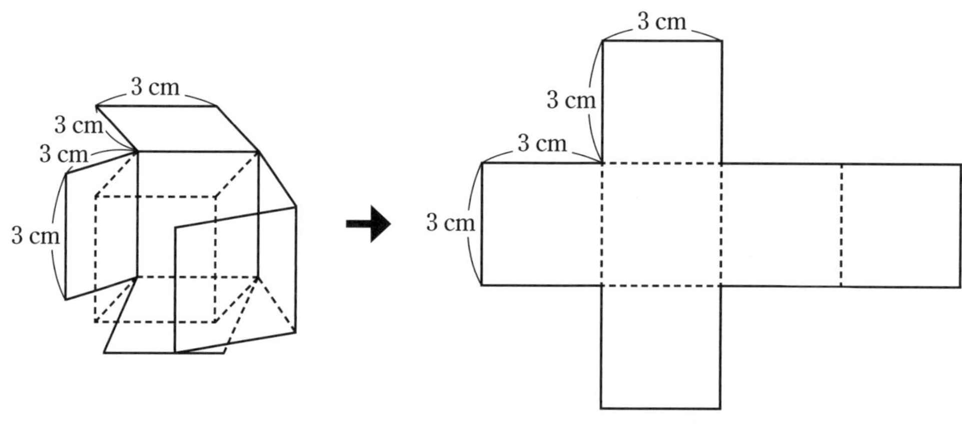

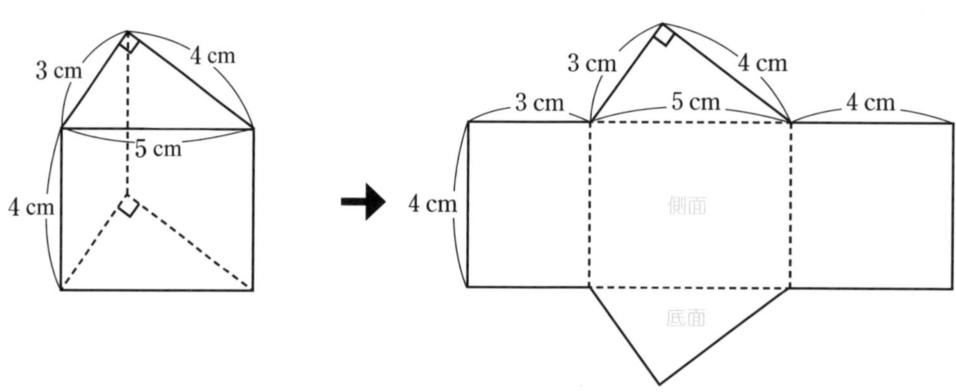

1　①　3 cm　②　3 cm　③　4 cm
　　④　5 cm　⑤　4 cm　⑥　4 cm

2　①　円　②　長方形　③　等しく

基本問題

1 次の ①〜⑥ の長さを求めましょう.

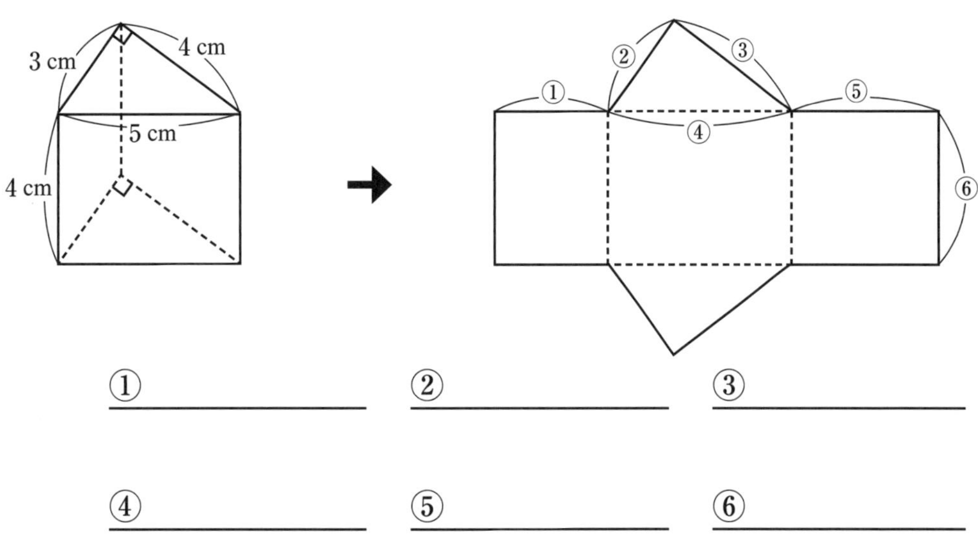

① ＿＿＿＿＿＿　② ＿＿＿＿＿＿　③ ＿＿＿＿＿＿

④ ＿＿＿＿＿＿　⑤ ＿＿＿＿＿＿　⑥ ＿＿＿＿＿＿

2 次の □ にあてはまることばをかきましょう.

円柱の展開図において，底面は

，側面は ② □ になります．底面の周の長さと側面の横の長さは

なります.

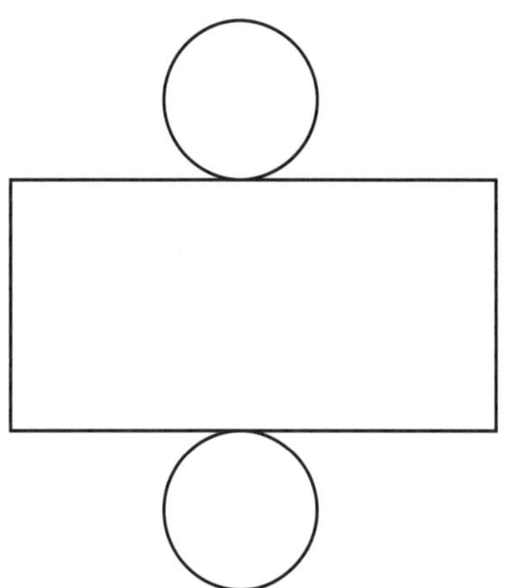

投影図

1つの立体を平面上に表すとき、正面から見た図（立面図）、真上から見た図（平面図）の2つで表す方法もあります.

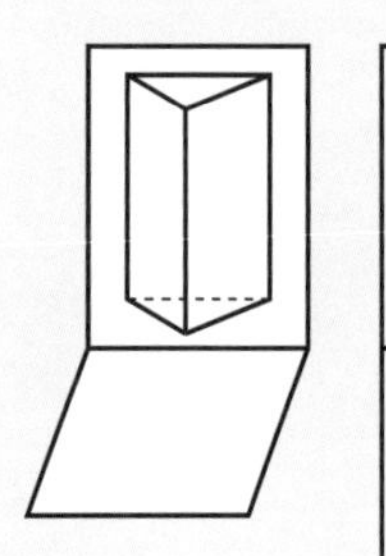

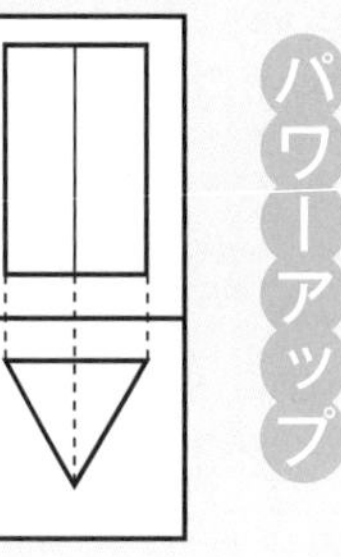

パワーアップ

STEP 27 REPEAT

1 右の正四角すいの展開図をかきましょう．

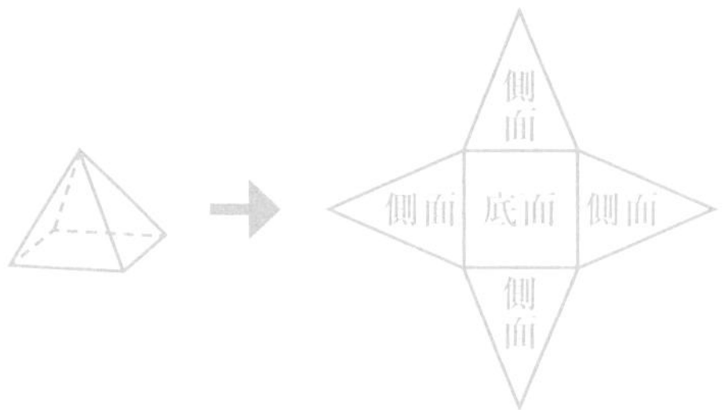

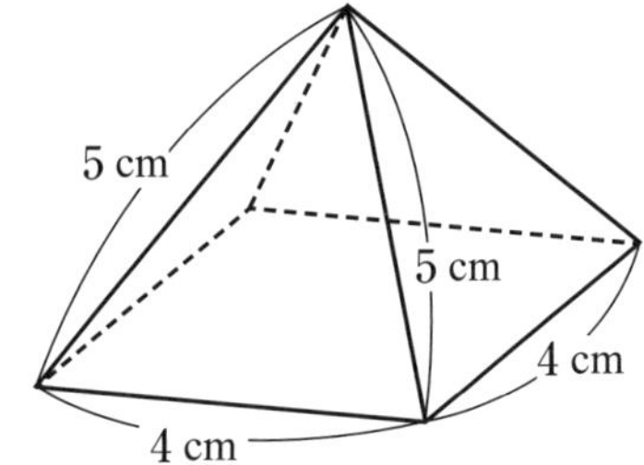

学習日

自己評価

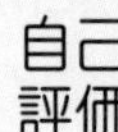

2 右の円柱の展開図をかきましょう.

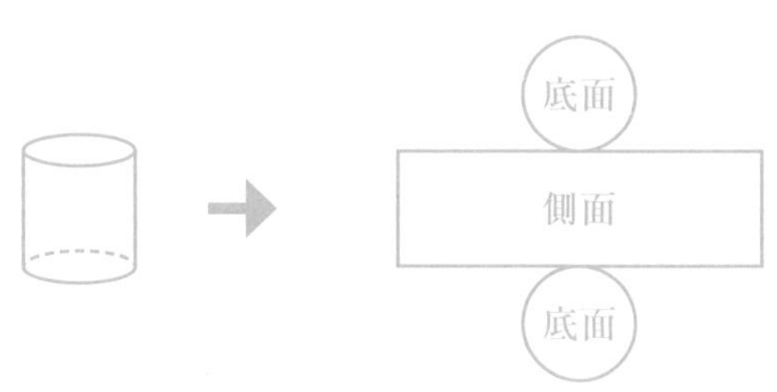

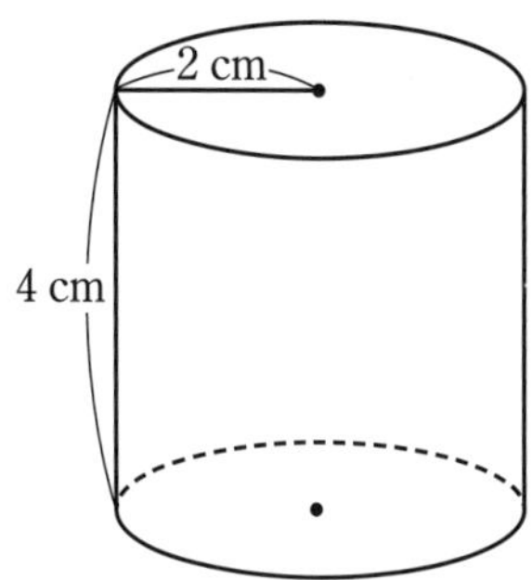

STEP 28

第6章　空間図形

立体の表面積と体積

立体の表面積

(柱体)＝(底面積)×2＋(側面積)

(すい体)＝(底面積)＋(側面積)

(半径 r の球)＝$4\pi r^2$

立体の体積

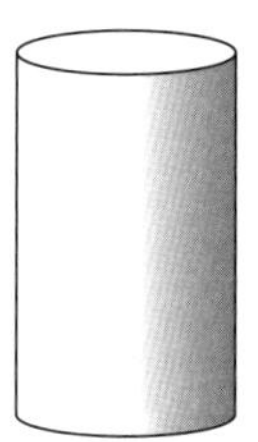

(柱体)＝(底面積)×(高さ)

(すい体)＝$\frac{1}{3}$(底面積)×(高さ)

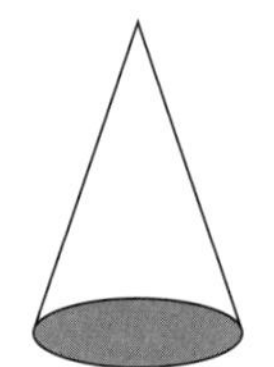

(半径 r の球)＝$\frac{4}{3}\pi r^3$

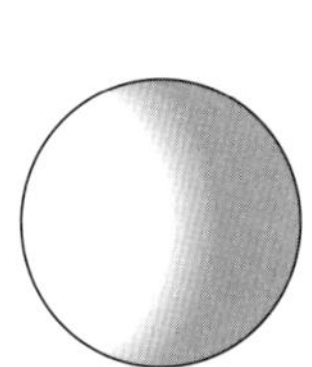

(1)　$\frac{1}{2}\times 6\times 4=12,\ \ 8\times(5+6+5)=128$

$12\times 2+128=152$ (cm^2)

(2)　$12\times 8=96$ (cm^3)

基本問題

右の三角柱について，次の問いに答えましょう．

(1) 表面積を求めましょう．

解答　底面は底辺 6 cm，高さ 4 cm の三角形

なので $\boxed{\frac{1}{2}\times\quad\times\quad}=\boxed{\quad}$

側面は，縦が 8 cm，横が $5+6+5$ cm の長方形なので

$\boxed{8\times(\qquad)}=\boxed{\quad}$

よって $\underset{\text{底面積}}{\boxed{\quad}}\times 2+\underset{\text{側面積}}{\boxed{\quad}}=\boxed{\quad}$ (cm^2)

(2) 体積を求めましょう．

解答　この立体の高さは 8 cm なので

$\boxed{\quad}\times 8=\boxed{\quad}$ (cm^3)

すい体の体積

四角すい体の体積は高さが同じ四角柱の体積の $\frac{1}{3}$ になります．

右の図は，立方体を 3 つに切っていて，同じ四角すいになっていますね．

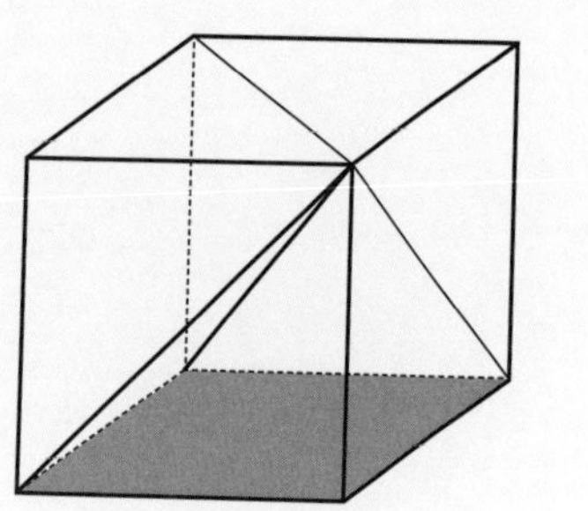

パワーアップ

STEP 28 REPEAT

1 右の正四角すいの表面積を求めましょう.

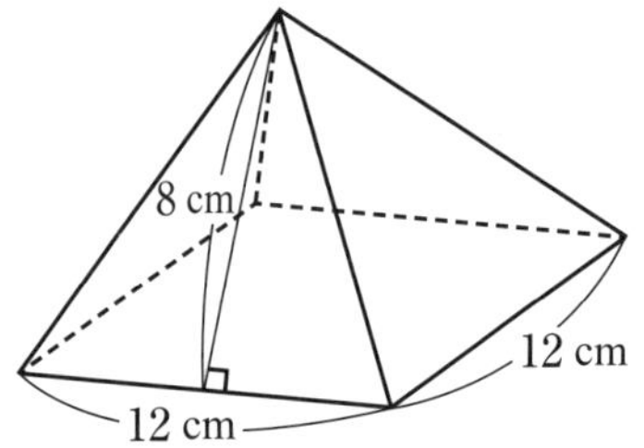

2 右の円すいの体積を求めましょう.

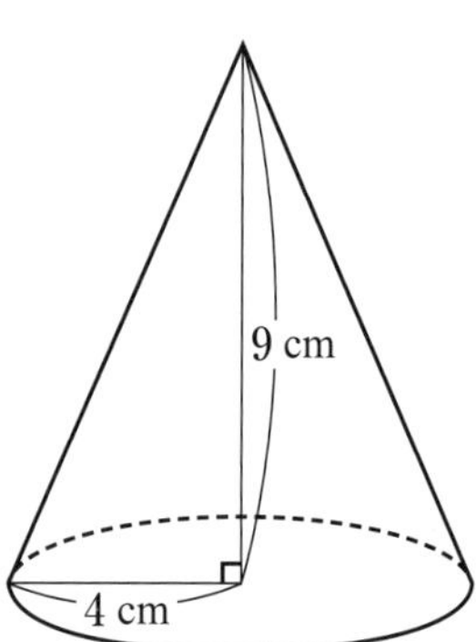

3 右の球の表面積と体積を求めましょう.

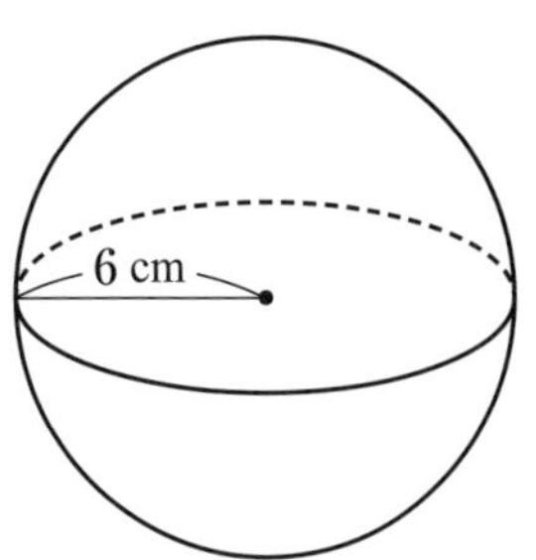

4 右の立体の体積を求めましょう.

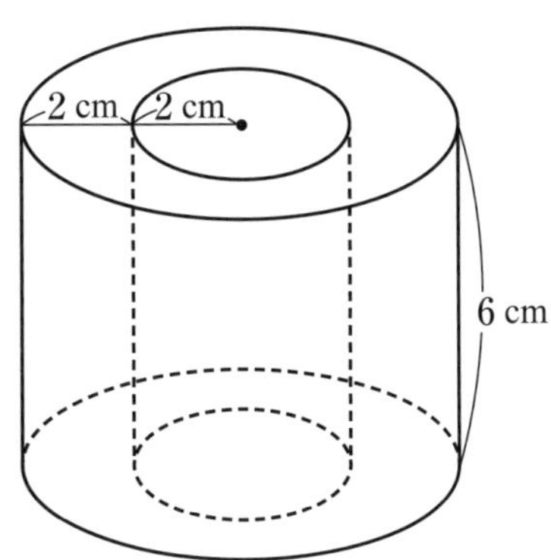

第6章　期末対策

1　立方体 ABCD－EFGH において

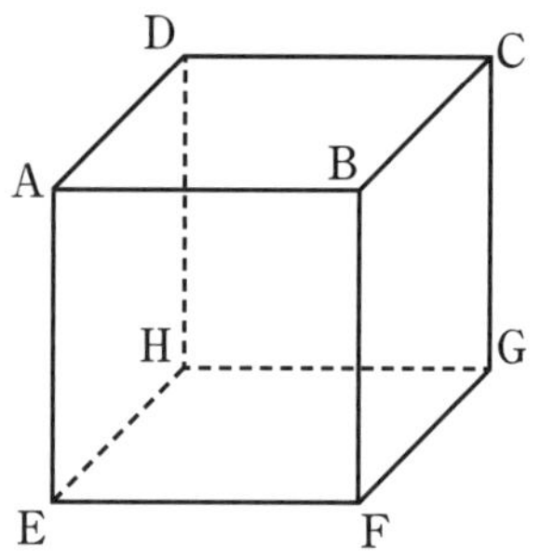

(1)　面 ABFE と平行な辺を答えましょう.

(2)　面 ABFE と垂直な辺を答えましょう.

(3)　辺 AE とねじれの位置にある辺を答えましょう.

2　次のような図形を，直線 ℓ を軸として 1 回転させるとどんな立体ができますか．見取図をかきましょう.

(1)

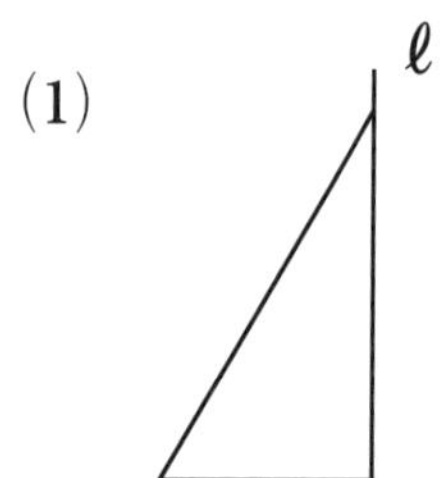

(2)

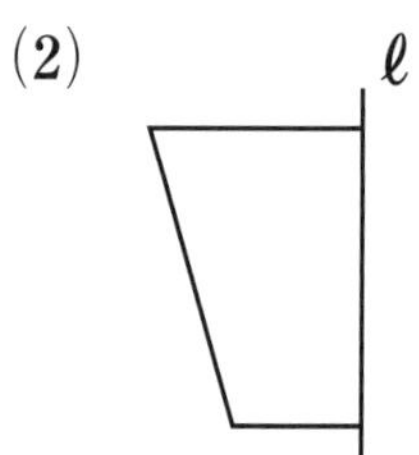

学習日

自己評価  

3 右のような図形について

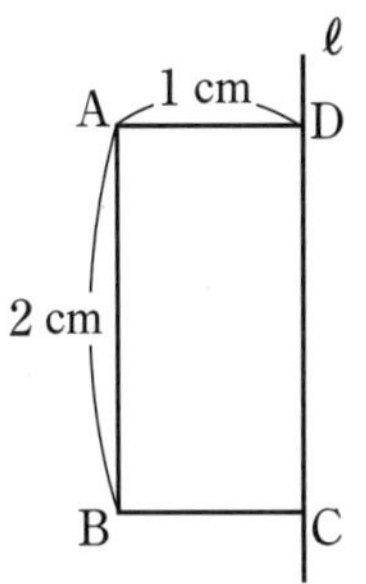

(1) 長方形 ABCD を ℓ を軸として1回転させるときにできる立体の名前は何ですか.

(2) この立体の展開図をかきましょう.

(3) この立体の表面積と体積を求めましょう.

4　右の立体の表面積と体積を求めましょう．

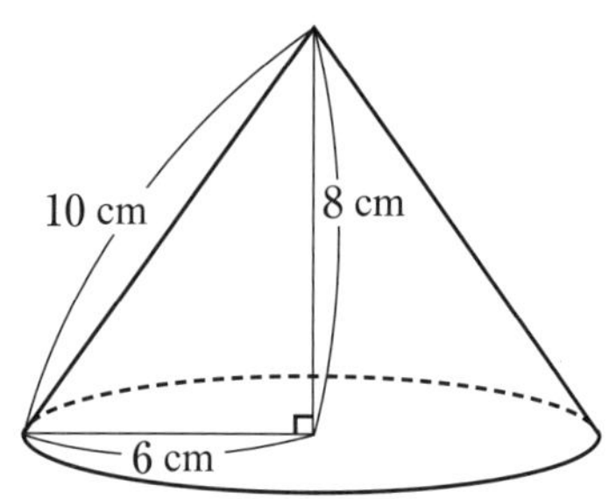

学習日

自己評価 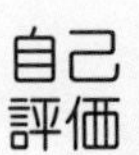

5 右の正方形ABCDにおいて，辺BCの中点をE，辺CDの中点をFとして，線分AE，AF，EFを結びます．

この図を展開図と見ます．

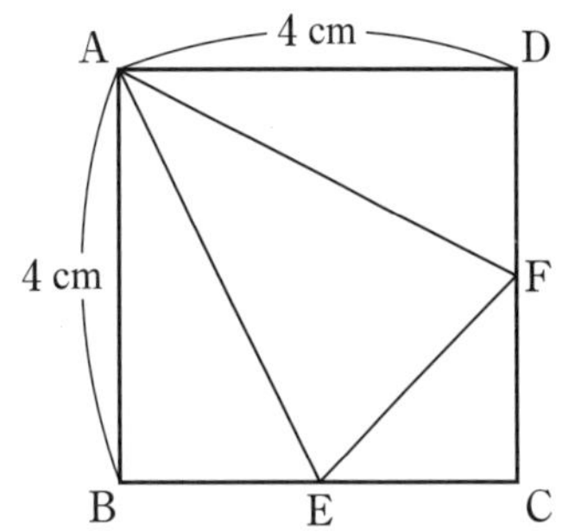

(1) この展開図からできる立体の体積を求めましょう．

(2) 三角形AEFを底面と見るときの高さを求めましょう．

STEP 29

資料の整理

右の資料は 30 名でボウリングをした結果です．この資料だけでは，何点ぐらいの記録が多いのかわかりません．そこで，そのようすがわかるように整理したのが度数分布表です．

30 名のボウリングの得点の結果

80	105	96	124	102	88
115	81	109	117	90	83
93	135	82	91	104	98
121	126	95	84	86	99
92	94	97	103	85	119

階　級(点)	度数
80 ～90	⑧
90 ～100	10
100 ～110	5
110 ～120	3
120 ～130	3
130 ～140	1
計	30(人)

階級　資料を整理する区間
　階級のまん中の値を階級値という

度数　区間に入る数

・相対度数 … 相対度数＝$\dfrac{\text{各階級の度数}}{\text{度数の合計}}$

・平均値 … 平均値＝$\dfrac{\text{資料の個々の値の合計}}{\text{資料全体の個数}}$

・中央値（メジアン）… 資料の値を大きさの順に並べたときの中央の値．

（ただし，資料の個数が偶数の場合は，中央に並ぶ 2 つの値の平均をとる．）

・最頻値 … 資料の中で，もっとも頻繁に現れる値．

・範囲 … 資料の最大の値と最小の値の差．**範囲(レンジ)＝最大値－最小値**

1 ① 180　② 8　③ 177.75　④ 180　⑤ 179
⑥ 180

2 (1) 16 人
(2) 階級 155.0 ～160.0　(cm)
(3) 階級 155.0 ～160.0　(cm)

基本問題

1 下の数値は，太郎君のボウリング８回の結果です．

180，173，182，180，172，177，180，178

このとき，この数値を小さい順に並べ直すと，

172，173，177，178，180，180，180，182

となります．平均値は

$(172+173+177+178+3\times$ ① $+182)\div$ ② $=$ ③

中央値（メジアン）は $\dfrac{178+\text{④}}{2}=$ ⑤

最頻値（モード）は  ⑥

2 右の表は，A中学校のあるクラス 50 名の身長の度数分布表です．

身長（cm） 以上　未満	度数（人）
145.0 ～150.0	5
150.0 ～155.0	11
155.0 ～160.0	15
160.0 ～165.0	10
165.0 ～170.0	6
170.0 ～175.0	3
計	50

(1) 身長が 155.0 cm 未満の生徒は，全部で何人ですか．

(2) 身長が低い方から20番目の人は，どの階級に入っていますか．

(3) 中央値は，どの階級に入っていますか．

ヒストグラム

階級の幅を横，度数を縦とする長方形を順に並べてかいたグラフをヒストグラムといいます．

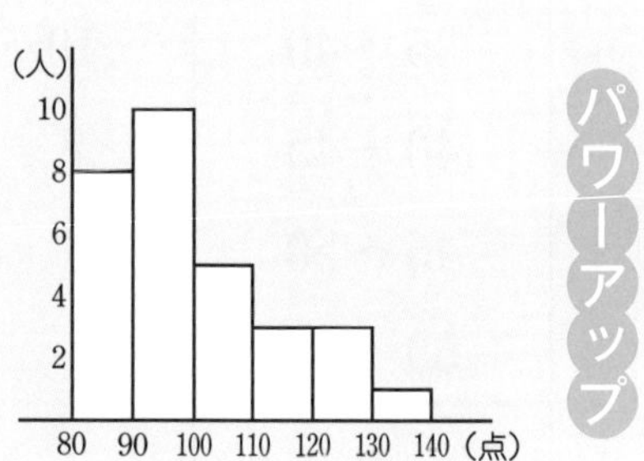

パワーアップ

STEP 29

REPEAT

1 右の表は，ハンドボール投げを行った10人の記録です．

23	28	24	21	27
25	23	26	23	20

（単位：m）

(1) 中央値（メジアン）を求めましょう．

(2) 最頻値（モード）を求めましょう．

(3) 平均値を求めましょう．

2 下の表は，A中学校の1年生男子について，握力(あくりょく)を調べた結果を度数分布表に表したものです．①～④に数値を入れましょう．

握　力(kg)	度数(人)	相対度数
以上　未満		
15 ～20	2	0.04
20 ～25	6	①
25 ～30	7	0.14
30 ～35	12	②
35 ～40	10	0.20
40 ～45	8	③
45 ～50	4	0.08
50 ～55	1	0.02
計	④	1

学習日

自己評価

3 下の表は，A君がお昼に摂取(せっしゅ)したエネルギー量の25日間の記録を度数分布表に整理したものです．

摂取したエネルギー(kcal)（キロカロリー）	階級値(kcal)	度数(日)	階級値×度数
以上　未満 680 ～ 720	700	2	1400
720 ～ 760	740	5	④
760 ～ 800	①	3	2340
800 ～ 840	820	③	5740
840 ～ 880	②	5	⑤
880 ～ 920	900	2	1800
920 ～ 960	940	1	940
計		25	20220

(1) 表の①～⑤に数値を入れましょう．

(2) A君の25日間の摂取したエネルギー量の平均値を，小数第1位を四捨五入して求めましょう．

(3) ヒストグラムをかきましょう．

(4) A君の摂取したエネルギーの中央値は，どの階級に入っていますか．

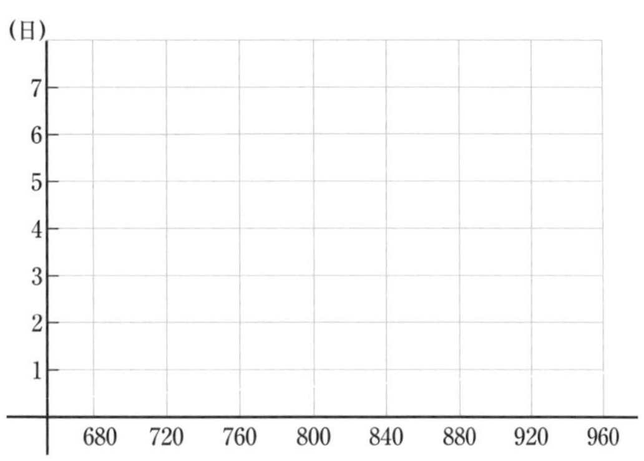

著 者　西 尾 義 典（にしお・よしのり）

1950年　堺市生まれ．大阪府立大学大学院工学研究科修士課程修了
大阪府立鳳高等学校教論，大阪府立市岡高等学校教論，比叡山中学・高等学校教論を経て
現在，清風中学校・高等学校専任講師
　　大阪高等学校数学教育会・大学入試検討委員会メンバー
趣 味：硬式テニス．数学の歴史や数学者の人物像を調べるのが楽しみである．
著 書：『スーパーシグマ基礎解析（共著）』（文英堂）
『数学解法のエッセンス』（プレアデス出版）
『数学者の素顔を探る』（プレアデス出版）
『数学解法への道（共著）』（プレアデス出版）

やさしく学ぶ　数学リピートプリント　中学1年

2013年4月10日　初版発行
2021年1月20日　改訂新版発行

著 者　西 尾 義 典
発行者　面 屋 尚 志
企 画　清風堂書店
発 行　フォーラム・A

〒530-0056　大阪市北区兎我野町15-13
電話　(06)6365-5606
FAX　(06)6365-5607
振替　00970-3-127184

制作編集担当・蒔田　司郎

表紙デザイン・ウエナカデザイン事務所
印刷・㈱関西共同印刷所／製本・高廣製本

中学 1 年

やさしく学ぶ

数学リピートプリント

解答

フォーラム・A

REPEAT　解答

第１章　正の数・負の数

【p.6～7】step01

[1]　(1)　−5　　(2)　−3
　(3)　+3.5　　(4)　−2.5

[2]　(1)　+200
　(2)　−300

[3]　−5の絶対値は5
　+4の絶対値は4

[4]
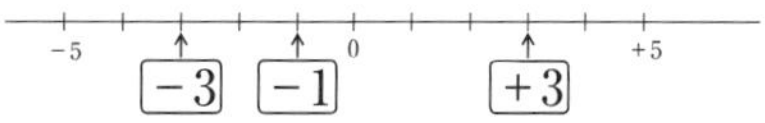

[5]
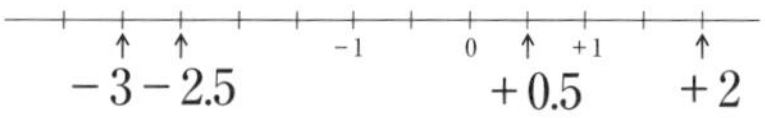

[6]　(1)　＜　　(2)　＞
　(3)　＜　　(4)　＞
　(5)　＜　,　＜

【p.10～11】step02

[1]　(1)　+8　　(2)　+12
　(3)　−18　　(4)　−24
　(5)　−4　　(6)　−2
　(7)　−5　　(8)　−5
　(9)　0　　(10)　0

[2]　(1)　+9　　(2)　−12
　(3)　+7.1　　(4)　−8.2
　(5)　−1　　(6)　−7
　(7)　−4　　(8)　+6
　(9)　−2.2　　(10)　+3.8

【p.14～15】step03

[1]　(1)　−1　　(2)　+8
　(3)　+8　　(4)　−11
　(5)　−11　　(6)　+4
　(7)　+3　　(8)　−2
　(9)　+3.5　　(10)　+2.2

[2]　(1)　−1　　(2)　+10
　(3)　+10　　(4)　−15
　(5)　−14　　(6)　+4
　(7)　+6　　(8)　−5
　(9)　+8.5　　(10)　+18

【p.18～19】step04

[1]　(1)　+2　　(2)　−6
　(3)　+22　　(4)　+11
　(5)　−16　　(6)　+15
　(7)　−10　　(8)　+3

[2]　(1)　+3　　(2)　−8
　(3)　+25　　(4)　−1
　(5)　−18　　(6)　$-\frac{15}{8}$
　(7)　−5.1　　(8)　+9

【p.22～23】step05

[1]　(1)　+21　　(2)　−24
　(3)　−36　　(4)　+40
　(5)　−28　　(6)　−72
　(7)　+14　　(8)　+14
　(9)　+25　　(10)　−25

[2]　(1)　10^4　　(2)　$(-8)^5$

[3]　(1)　+3　　(2)　−2
　(3)　−8　　(4)　+9
　(5)　−6　　(6)　−6

[4]　(1)　$+\frac{5}{2}$　　(2)　$-\frac{1}{5}$
　(3)　$-\frac{56}{5}$　　(4)　$+\frac{2}{3}$
　(5)　$+\frac{10}{3}$　　(6)　$+\frac{10}{9}$

【p.26～27】step06

[1]　(1)　$+15+6=21$
　(2)　$7-12=-5$
　(3)　$-6+7=1$
　(4)　$-10-3=-13$
　(5)　$-15-2=-17$

(6) $-7-14=-21$

(7) $-12+20=8$

(8) $12-9=3$

(9) $12-(-4)=12+4=16$

(10) $(+8)-4=8-4=4$

(11) $23-\{5-(+3)\}=23-(5-3)$

$=23-2$

$=21$

(12) $-8-3\times(+4)=-8-12$

$=-20$

2 (1) $-28+10\div(-2)=-28-5$

$=-33$

(2) $(15-5)\times(-3)+7=10\times(-3)+7$

$=-30+7$

$=-23$

(3) $-4+8+9=13$

(4) $-10+3+28=21$

3 (1) $2\times3^2\times5$　(2) $2^2\times3\times7$

(3) $2^3\times3\times5$　(4) $3\times5^2\times11$

【p.28 ~ 31】第1章　期末対策

1 (1) -4 km

(2) -1 万円

2 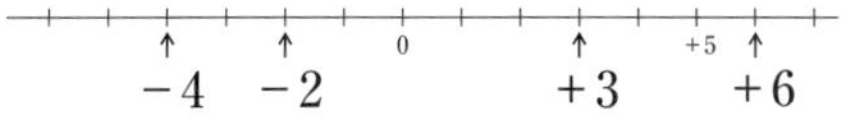

$+3$ の絶対値 3，-2 の絶対値 2

-4 の絶対値 4，$+6$ の絶対値 6

3 (1) $<$　(2) $<$

(3) $>$　(4) $>$

4 (1) 4　(2) 5

(3) -8　(4) 5

(5) -18　(6) 4

(7) $-10+4-6=-12$

(8) $-5+9+4-6=2$

(9) $10+24=34$

5 (1) $25-27=-2$

(2) $\frac{1}{8}+\frac{1}{4}=\frac{1}{8}+\frac{2}{8}$

$=\frac{3}{8}$

(3) $-\frac{1\times2}{10\times3}=-\frac{1}{15}$

(4) $-\frac{1\times6}{3\times5}=-\frac{2}{5}$

(5) $-\frac{1}{3}+\frac{7}{10}=-\frac{10}{30}+\frac{21}{30}$

$=\frac{11}{30}$

(6) $\frac{2}{3}+\frac{1}{2}-\frac{1}{4}=\frac{8}{12}+\frac{6}{12}-\frac{3}{12}$

$=\frac{11}{12}$

(7) $\frac{9}{10}\div(-27)=-\frac{9\times1}{10\times27}$

$=-\frac{1}{30}$

(8) $\left(-\frac{1}{8}\right)\times2=-\frac{1\times2}{8\times1}$

$=-\frac{1}{4}$

(9) $12\times\left(-\frac{2}{6}+\frac{9}{6}\right)=12\times\frac{7}{6}$

$=14$

(10) $\left(-\frac{8}{14}+\frac{21}{14}\right)\times28=\frac{13}{14}\times28$

$=26$

6 (1) $2\times3^2\times5^2$　(2) $2\times3\times7^2$

(3) $2^2\times3\times5\times7$　(4) $3^3\times5\times7$

7 (1) $50+5=55$ 点

(2) $50+(-7)=43$ 点

第２章　文字と式

【p.34 ～ 35】step07

1 (1) ab　(2) bc
(3) $-acd$　(4) $-xyz$
(5) $\frac{x}{4}$ $\left(\frac{1}{4}x\right)$　(6) $-\frac{y}{3}$ $\left(-\frac{1}{3}y\right)$
(7) $3a^2$　(8) $7b^2$
(9) $-2x^2$　(10) $-3y^2$

2 (1) $\frac{xy}{4}$ $\left(\frac{1}{4}xy\right)$　(2) $-10a$
(3) $3x^3$
(4) $-\frac{a+3}{3}$ $\left(-\frac{1}{3}(a+3)\right)$
(5) $-\frac{3a^2}{b}$
(6) $\frac{x+y}{9}$ $\left(\frac{1}{9}(x+y)\right)$
(7) $3a-8b$
(8) $7a+\frac{b}{3}$ $\left(7a+\frac{1}{3}b\right)$
(9) $-\frac{6x^2}{y^2}$　(10) $\frac{x}{3y}$

【p.38 ～ 39】step08

1 (1) $100a+150b$ （円）
(2) $63a+84b$ （円）
(3) $2x$ （cm^2）
(4) $3x+10$
(5) $8x+3$ （個）

2 (1) $3\times2=\mathbf{6}$
(2) $3\times2+2=\mathbf{8}$
(3) $-7\times2+5=\mathbf{-9}$
(4) $2^2=\mathbf{4}$

3 (1) $5\times(-3)=\mathbf{-15}$
(2) $2\times(-3)+6=\mathbf{0}$
(3) $-3\times(-3)+8=\mathbf{17}$
(4) $-(-3)^2+7=-9+7$
$=\mathbf{-2}$

【p.42 ～ 43】step09

1 (1) $5a$　(2) $6b$
(3) $-16c$　(4) $4d$
(5) $11x$　(6) $-4y$
(7) $-4a$　(8) $3b$
(9) $3x+1$　(10) 0

2 (1) $6x$　(2) x
(3) $-12a$　(4) $-3ab$
(5) $4x-2$　(6) $-2ab-4$
(7) $-\frac{3}{4}x+3$　(8) $5c-4$

【p.46 ～ 47】step10

1 (1) $4a-6+2a-3=\mathbf{6a-9}$
(2) $a-7+2a+9=\mathbf{3a+2}$
(3) $5a+7-2a+1=\mathbf{3a+8}$
(4) $4a+7-3a+1=\mathbf{a+8}$
(5) $5b-7+7-2b=\mathbf{3b}$
(6) $3b+10+5-4b=\mathbf{-b+15}$
(7) $8b-6-6+3b=\mathbf{11b-12}$
(8) $7b+3+2+3b=\mathbf{10b+5}$

2 (1) $3a-2+6a-24=\mathbf{9a-26}$
(2) $28a-12-2+9a=\mathbf{37a-14}$
(3) $4x+6+5x-5=\mathbf{9x+1}$
(4) $9x-6-18+6x=\mathbf{15x-24}$
(5) $6x-6-8x+12=\mathbf{-2x+6}$

【p.50 ～ 51】step11

1 (1) $2x+5=25$
(2) $a-3=7$
(3) $40-3x\geqq2$
(4) $120x+y\leqq2500$

2 (1) ① $\left(b=\frac{1}{2}a\right.$ より $\left.2b=a\right)$
(2) ④ （$800\geqq3a$ より $800-3a\geqq0$）
(3) ② （$x\geqq3y+2$ より $x-3y\geqq2$）

【p.52 ～ 55】第２章　期末対策

1 (1) $50a$ （km）
(2) $5a+2b$ （円）
(3) a^2 （cm^2）
(4) $10a+b$

2 (1) $2\times(-3)+1=-5$

(2) $-3\times(-3)+8=17$

3 (1) $16a$

(2) $4b$

(3) $\frac{4}{3}c$ $\left(\frac{4c}{3}\right)$

(4) $-9d$

(5) $4a$

(6) $-4b$

(7) $7c+2$

(8) $5d-1$

(9) $-a+1$

(10) $3b+3$

4 (1) $8a-6+2a+1=\mathbf{10a-5}$

(2) $5a+7-3a+1=\mathbf{2a+8}$

(3) $4b-3-9+3b=\mathbf{7b-12}$

(4) $5b+2-3b+2=\mathbf{2b+4}$

(5) $3x+2+6x+24=\mathbf{9x+26}$

(6) $28x+12+2-9x=\mathbf{19x+14}$

(7) $10y-15-12y-9=\mathbf{-2y-24}$

(8) $14y+7-6y+12=\mathbf{8y+19}$

5 (1) $x\times x\times x=x^3$ (cm^3)

(2) $3^3=27$ (cm^3)

6 (1) $2a$ (2) $0.3a$

(3) $\frac{3}{5}b$ (4) $\frac{5}{6}b$

7 $x\times(1+0.03)\geqq400$ より $x\times1.03\geqq400$

第3章　方程式

【p.58 ～ 59】step12

1 (1) $x=-2$ を代入すると

(左辺) $=2\times(-2)-1=-5$

$x=-1$ を代入すると

(左辺) $=2\times(-1)-1=-3$

$x=0$ を代入すると

(左辺) $=2\times0-1=-1$

解は　$\mathbf{x=-1}$

(2) $x=-2$ を代入すると

(左辺) $=4\times(-2)+2=-6$

$x=-1$ を代入すると

(左辺) $=4\times(-1)+2=-2$

$x=0$ を代入すると

(左辺) $=4\times0+2=2$

解は　$\mathbf{x=-2}$

(3) $x=-2$ を代入すると

(左辺) $=4\times(-2)+11=3$

(右辺) $=2\times(-2)+11=7$

$x=-1$ を代入すると

(左辺) $=4\times(-1)+11=7$

(右辺) $=2\times(-1)+11=9$

$x=0$ を代入すると

(左辺) $=4\times0+11=11$

(右辺) $=2\times0+11=11$

解は　$\mathbf{x=0}$

2 (1) $x+4-4=6-4$

$\mathbf{x=2}$

(2) $x-2+2=7+2$

$\mathbf{x=9}$

(3) $7x\div7=21\div7$

$\mathbf{x=3}$

(4) $\frac{1}{3}x\times3=-4\times3$

$\mathbf{x=-12}$

【p.62～63】step13

□1 (1) $x=-9+3$

$x=-6$

(2) $-5x+4x=1$

$-x=1$

$x=-1$

(3) $4x-x=-6$

$3x=-6$

$x=-2$

(4) $-2x-3x=-15$

$-5x=-15$

$x=3$

(5) $4x-x=-11-7$

$3x=-18$

$x=-6$

(6) $2x+3x=4+6$

$5x=10$

$x=2$

(7) $6y+4y=-1+9$

$10y=8$

$y=\frac{4}{5}$

(8) $3y+5y=9+7$

$8y=16$

$y=2$

□2 (1) $x=-5+4$

$x=-1$

(2) $4x+x=10$

$5x=10$

$x=2$

(3) $24x-23x=-3$

$x=-3$

(4) $-4x-2x=-12$

$-6x=-12$

$x=2$

(5) $4x-7x=8+4$

$-3x=12$

$x=-4$

(6) $3y-8y=15$

$-5y=15$

$y=-3$

(7) $-3z-6z=-9-27$

$-9z=-36$

$z=4$

(8) $-9x-3x=-24-12$

$-12x=-36$

$x=3$

【p.66～67】step14

□1 (1) $4x+6=-x+1$

$4x+x=1-6$

$5x=-5$

$x=-1$

(2) $3x+6-4x+2=0$

$3x-4x=-6-2$

$-x=-8$

$x=8$

(3) $3x-15=8x-4$

$3x-8x=-4+15$

$-5x=11$

$x=-\frac{11}{5}$

(4) $2x+8-3x-15=0$

$2x-3x=-8+15$

$-x=7$

$x=-7$

(5) $6x+12=4x-8+6$

$6x-4x=-8+6-12$

$2x=-14$

$x=-7$

□2 (1) 両辺を10倍して

$-12x=3x-30$

$-12x-3x=-30$

$-15x=-30$

$x=2$

(2) 両辺を10倍して

$4x-5=2x+3$

$4x-2x=3+5$

$2x=8$

$x=4$

(3) 両辺を10倍して

$5(x+3)=2(2x+3)$

$5x+15=4x+6$

$5x-4x=6-15$

$x=-9$

(4) 両辺を６倍して

$6\left(\frac{1}{2}x+1\right)=6\left(\frac{2}{3}x-3\right)$

$3x+6=4x-18$

$3x-4x=-18-6$

$-x=-24$

$x=24$

【p.70～71】step15

1 x年後にお父さんの年齢が，まさお君の年齢の３倍になるとすると

$47+x=3(13+x)$

$47+x=39+3x$

$x-3x=39-47$

$-2x=-8$

$x=4$ **４年後**

2 子どもの人数をxとおくと

$4x-6=3x+14$

$4x-3x=14+6$

$x=20$

クッキーの枚数は　$4\times20-6=74$ **74枚**

3 時速100 kmで走ったときかかった時間をx時間とすると

$100x=80\left(x+\frac{1}{2}\right)$

$100x=80x+40$

$100x-80x=40$

$20x=40$

$x=2$

道のりは　$100\times2=200$ **200 km**

4 (1) $4x=36$　したがって　$x=9$

(2) $3x=4(x-4)$

$3x=4x-16$

$3x-4x=-16$　したがって　$x=16$

5 薄力粉，砂糖をx gずつ加えるとすると

$(76+x):(16+x)=7:2$

$2(76+x)=7(16+x)$

$152+2x=112+7x$

$2x-7x=112-152$

$-5x=-40$

よって　$x=8$

薄力粉，砂糖を８ gずつ加える

【p.72～75】第３章　期末対策

1 (1) $x=4-10$

$x=-6$

(2) $x=6+2$

$x=8$

(3) $2x-x=-1-5$

$x=-6$

(4) $3x-2x=3+4$

$x=7$

(5) $6x-4x=2+10$

$2x=12$

$x=6$

(6) $-5x+2x=7+2$

$-3x=9$

$x=-3$

(7) $6x+6=2x-6$

$6x-2x=-6-6$

$4x=-12$

$x=-3$

(8) $4x+2=x-16$

$4x-x=-16-2$

$3x=-18$

$x=-6$

2 (1) $6x=6$　したがって　$x=1$

(2) $12x=15(x-2)$

$12x=15x-30$

$12x-15x=-30$

$-3x=-30$　したがって　$x=10$

3 (1) 両辺を10倍して

$2x+13=-3$

$2x=-3-13$

$2x=-16$

$\boldsymbol{x=-8}$

(2) 両辺を10倍して

$4x-5=2x+7$

$4x-2x=7+5$

$2x=12$

$\boldsymbol{x=6}$

(3) 両辺を100倍して

$30x-52=8$

$30x=8+52$

$30x=60$

$\boldsymbol{x=2}$

(4) 両辺を９倍して

$9\left(\frac{1}{3}x+1\right)=9\left(\frac{1}{9}x+\frac{5}{3}\right)$

$3x+9=x+15$

$3x-x=15-9$

$2x=6$

$\boldsymbol{x=3}$

(5) 両辺を２倍して

$2(x+1)=5x-1$

$2x+2=5x-1$

$2x-5x=-1-2$

$-3x=-3$

$\boldsymbol{x=1}$

4 最も小さい整数を x とおくと

$x+(x+1)+(x+2)=183$

$3x+3=183$

$3x=183-3$

$3x=180$

$x=60$

３つの整数は **60，61，62**

5 もとの整数の十の位の数字を x とおくと

もとの数は $10x+7$

十の位と一の位の数字を入れかえると

$70+x$

$70+x-(10x+7)=36$

$70+x-10x-7=36$

$x-10x=36-70+7$

$-9x=-27$

$x=3$

もとの整数は $10\times3+7=$ **37**

6 移した数を x とおくと

$(20-x):(20+x)=3:5$

$5(20-x)=3(20+x)$

$100-5x=60+3x$

$-5x-3x=60-100$

$-8x=-40$ よって $x=5$

りんごを5個移す

7 箱の数を x とすると

$4x+2=5x-3$

$4x-5x=-3-2$

$-x=-5$

$x=5$

ボールの数は $4\times5+2=22$ **22 個**

8 自転車で行くとき，かかった時間を x 分とおくと

$220x=60(x+20)$

$220x=60x+1200$

$220x-60x=1200$

$160x=1200$

$x=\frac{1200}{160}=\frac{15}{2}$

道のりは $220\times\frac{15}{2}=1650$ **1650 m**

第４章　比例と反比例

【p.78 ～ 79】step16

1

x(冊)	1	2	3	4	5	6
y(円)	120	240	360	480	600	720

2 (1)　いえる

(2)　いえない

(3)　いえる

(4)　いえない

3 (1)

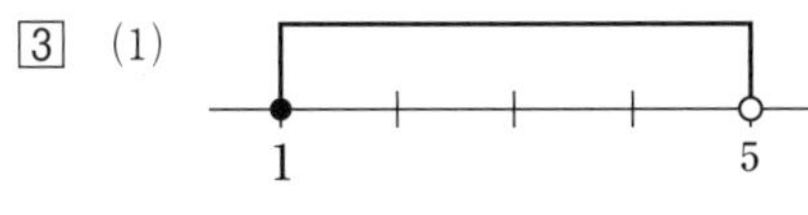

(2)

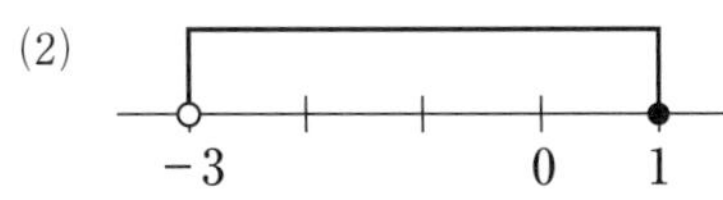

4 A（1，4）

B（−2，−3）

C（0，2）

D（3，0）

5 (1)　B（2，−4）

(2)　D（−2，4）

(3)　C（−2，−4）

【p.82 ～ 83】step17

1 (1)

x（分）	1	2	3	4	5	6
y（m）	150	300	450	600	750	900

(2)　$y=150x$

(3)　$150 \leqq y \leqq 900$

2 $y=ax$ とおく．

$x=6$，$y=12$ を代入して

$12=a\times 6$　　よって　$a=2$

したがって　$\boldsymbol{y=2x}$

$x=5$ のとき　$y=2\times 5=\mathbf{10}$

3 (1)

x（分）	1	2	3	4	5	6	7	8
y（m）	60	120	180	240	300	360	420	480

(2)　$y=60x$

(3)　$60 \leqq y \leqq 480$

4 $y=ax$ とおく．

$x=-6$，$y=2$ を代入して

$2=a\times(-6)$　　よって　$a=-\dfrac{1}{3}$

したがって　$y=-\dfrac{1}{3}x$

$x=3$ のとき　$y=-\dfrac{1}{3}\times 3=-1$

【p.86 ～ 87】step18

1

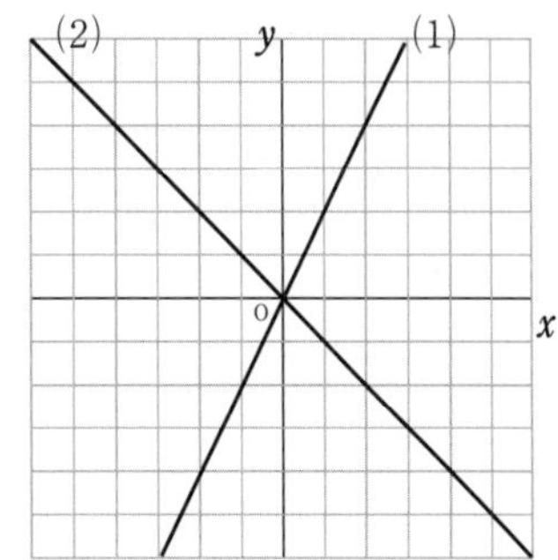

2 $y=ax$ とおく．

点（2，3）を通るので，$y=ax$ に $x=2$，$y=3$ を代入すると

$3=a\times 2$　　よって　$a=\dfrac{3}{2}$

したがって　$y=\dfrac{3}{2}x$

3 (1)　$y=3x$　　(2)　$y=-x$

(3)　$y=\dfrac{1}{2}x$　　(4)　$y=-\dfrac{1}{3}x$

【p.90 ～ 91】step19

1 (1)

x 等分	1	2	3	4	5	6
y（cm）	12	6	4	3	2.4	2

(2)　$y=\dfrac{12}{x}$

(3)　$2 \leqq y \leqq 12$

2 $y=\dfrac{a}{x}$ とおく．

$x=3$，$y=-2$ を代入すると

$-2=\dfrac{a}{3}$　　よって　$a=-6$

したがって　$y=-\dfrac{6}{x}$

$x=6$ のとき　$y=-\dfrac{6}{6}=-1$

③ (1)

x (km)	5	10	15	20	25	30
y (L)	120	60	40	30	24	20

(2) $y=\frac{600}{x}$

(3) $20 \leqq y \leqq 120$

④ $y=\frac{a}{x}$ とおく.

$x=4,\ y=3$ を代入すると

$3=\frac{a}{4}$　　よって　$a=12$

したがって　$y=\frac{12}{x}$

$x=-2$ のとき　$y=\frac{12}{-2}=-6$

【p.94 ～ 95】step20

① (1)

x	−12	−6	−4	−3	−2	−1
y	1	2	3	4	6	12

1	2	3	4	6	12
−12	−6	−4	−3	−2	−1

(2)

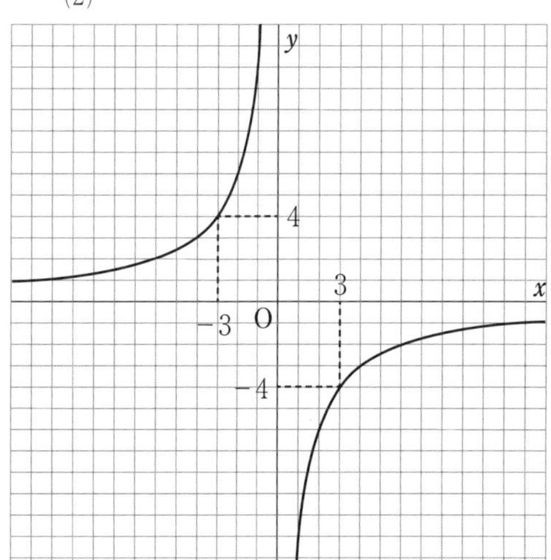

② (1) $y=\frac{a}{x}$ とおく.

点 (3, 3) を通るので, $x=3,\ y=3$ を $y=\frac{a}{x}$ に代入すると

$3=\frac{a}{3}$　　よって　$a=9$

したがって　$y=\frac{9}{x}$

(2) $y=\frac{a}{x}$ とおく.

点 (−2, 3) を通るので, $x=-2$, $y=3$ を $y=\frac{a}{x}$ に代入すると

$3=\frac{a}{-2}$　　よって　$a=-6$

したがって　$y=-\frac{6}{x}$

【p.96 ～ 99】第４章　期末対策

① 比例　㋐, ㋓, ㋕

反比例　㋒, ㋔

② A(2, 2)

B(3, 4)

C(−3, 2)

D(0, −2)

③ (1) $y=ax$ とおく.

$x=3,\ y=-6$ を代入すると

$-6=a\times 3$　　よって　$a=-2$

したがって　$y=-2x$

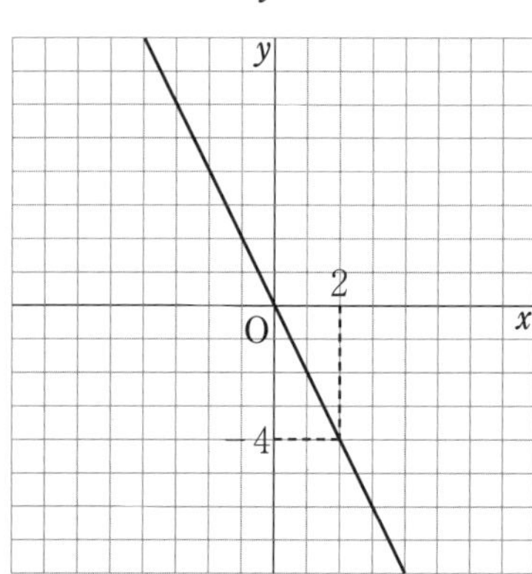

(2) $y=\frac{a}{x}$ とおく.

$x=5,\ y=2$ を代入すると

$2=\frac{a}{5}$　　よって　$a=10$

したがって　$y=\frac{10}{x}$

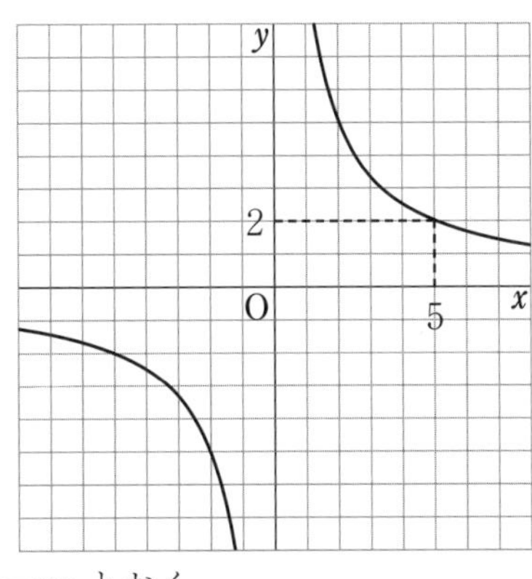

4　$y=ax$ とおく．

$x=-3$, $y=6$ を代入すると

$6=a\times(-3)$　　よって　$a=-2$

したがって　$y=-2x$

$x=7$ のとき　$y=-2\times7=-14$

5　$y=\frac{a}{x}$ とおく．

$x=2$, $y=14$ を代入すると

$14=\frac{a}{2}$　　よって　$a=28$

したがって　$y=\frac{28}{x}$

$x=7$ のとき　$y=\frac{28}{7}=4$

6　(1)　$y=4x$

(2)　$0\leqq x\leqq3$, $0\leqq y\leqq12$

7　$y=\frac{a}{x}$ とおく．

$x=3$, $y=20$ を代入すると

$20=\frac{a}{3}$　　よって　$a=60$

したがって　$y=\frac{60}{x}$

第5章　平面図形

【p.102 ～ 103】step21

1　(1)　△OCG

(2)　△DOH

(3)　△BOF

(4)　△DOG，△COF，△BOE

(5)　△BOF

2

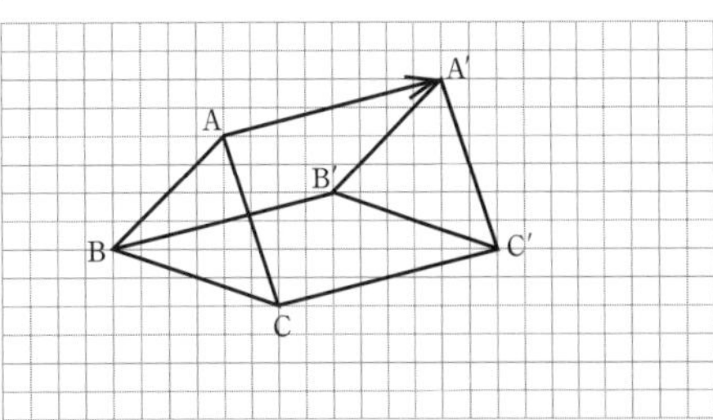

3

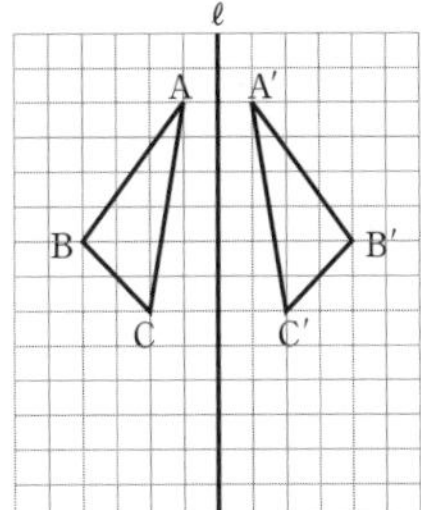

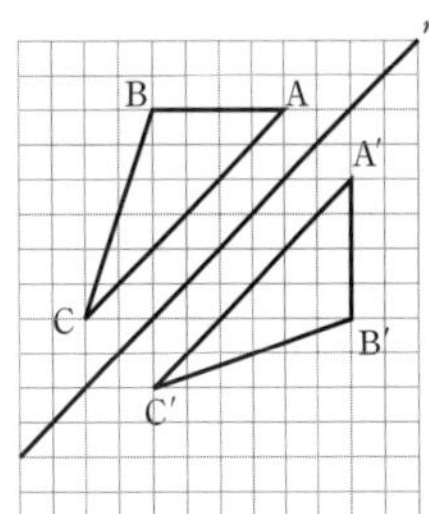

【p.106 ～ 107】step22

1　(1)　点Cで1 cm

(2)　点Bで3 cm

2　ℓを対称の軸として，点Bを対称移動させた点がB′です．

Aと B′をを直線で結び，ℓとの交点がPとなります．

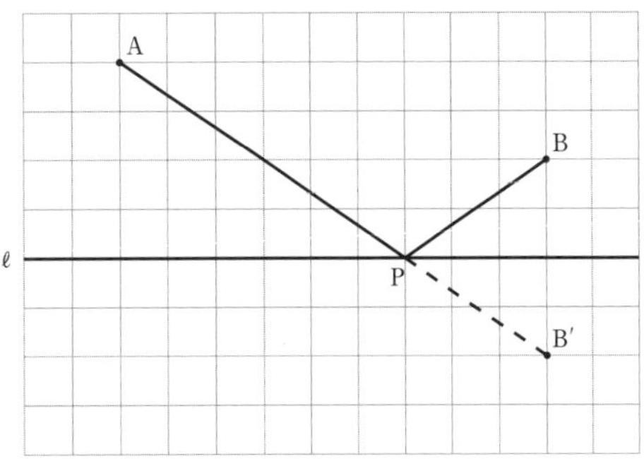

3 例　△ABCを点Cを中心として時計回りに90°回転移動します．それを右へ2めもり平行移動します．

4 (1)　AOを対称の軸として対称移動する．またはOを中心として，反時計回りに60°回転移動する．

(2)　BEを対称の軸として対称移動する．またはOを中心として，180°回転移動する．

【p.110～111】step23

1

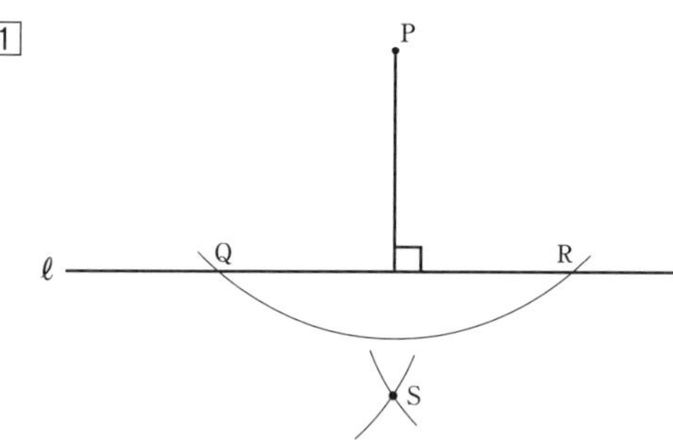

Pを中心に点Q，Rを求める．同じ半径でQ，Rを中心に交点Sを求める．SとPを結ぶ．

2

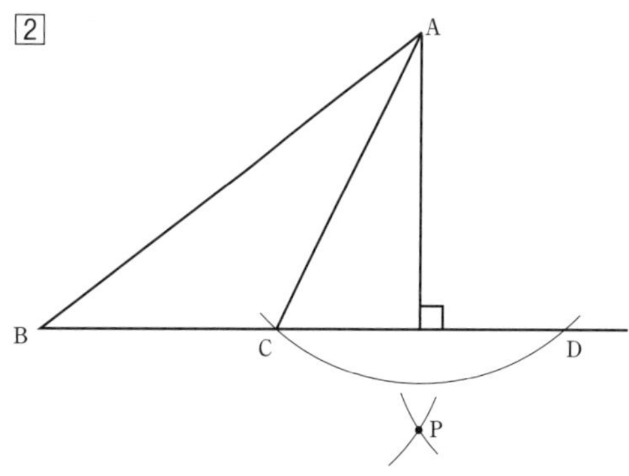

Aを中心に点C，Dを求める．同じ半径でC，Dを中心に交点Pを求める．AとPを結ぶ．

3

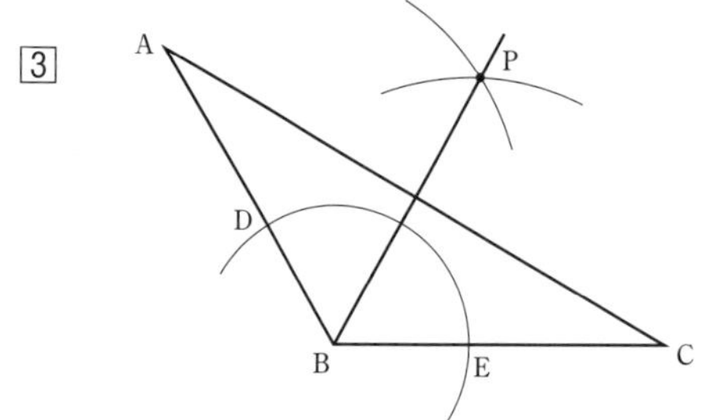

Bを中心に点D，Eを求める．同じ半径でD，Eを中心に交点Pを求める．BとPを結ぶ．

4

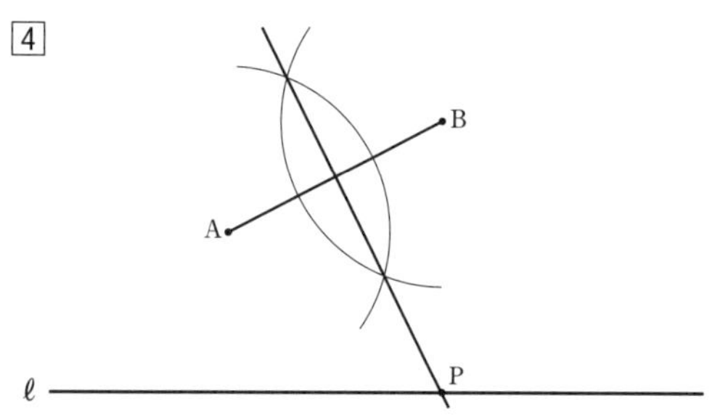

線分ABの垂直二等分線を引き，直線ℓとの交点がP.

【p.114～115】step24

1 (1)　$2\times5\times\pi\times\frac{120}{360}=\frac{10}{3}\pi$

$\frac{10}{3}\pi$ (cm)

(2)　$5^2\times\pi\times\frac{120}{360}=\frac{25}{3}\pi$

$\frac{25}{3}\pi$ (cm^2)

2 (1)　扇形OAEの中心角は

$30\times4=120$　120°

$\frac{120}{360}=\frac{1}{3}$　円の$\frac{1}{3}$の面積

(2)　$\overset{\frown}{AB}:\overset{\frown}{AE}=1:4$

3 $2\pi=2\pi\times4\times\frac{a}{360}$

両辺を2πでわって

$1=4\times\frac{a}{360}$　　よって　$a=90$

中心角は90°

4 $3\pi=\pi\times3^2\times\frac{a}{360}$

両辺を3πでわって

$1=3\times\frac{a}{360}$　　よって　$a=120$

中心角は120°

【p.116～119】第5章　期末対策

1 (1)　㋐，㋔

(2)　㋑，㋒

(3) ㋓

2

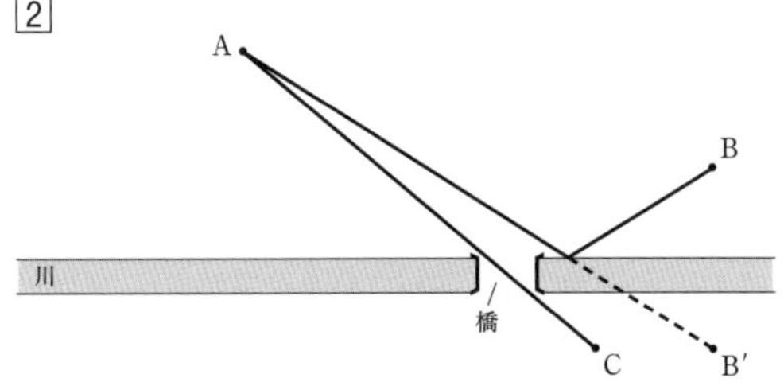

B′は川の上の線を対称軸として，点Bを対称移動させた点.

3 (1)

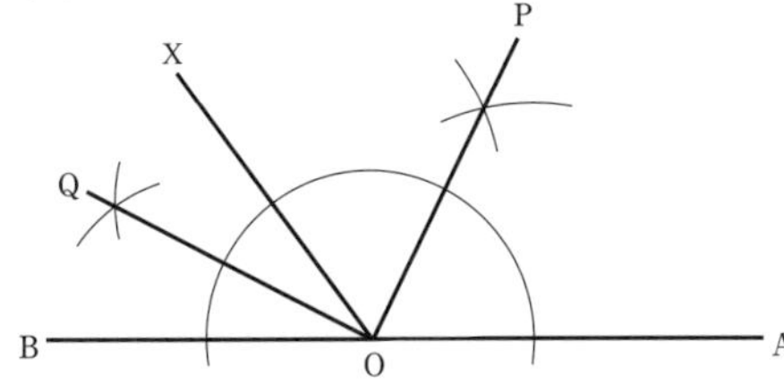

(2) $\angle POQ = 90°$

$\left(\frac{1}{2}(\angle AOX + \angle BOX) = \frac{1}{2} \times 180° = 90°\right)$

4 (1) $2 \times 8 \times \pi \times \frac{45}{360} = 2\pi$

2π (cm)

(2) $8^2 \times \pi \times \frac{45}{360} = 8\pi$

8π (cm^2)

5 (1)

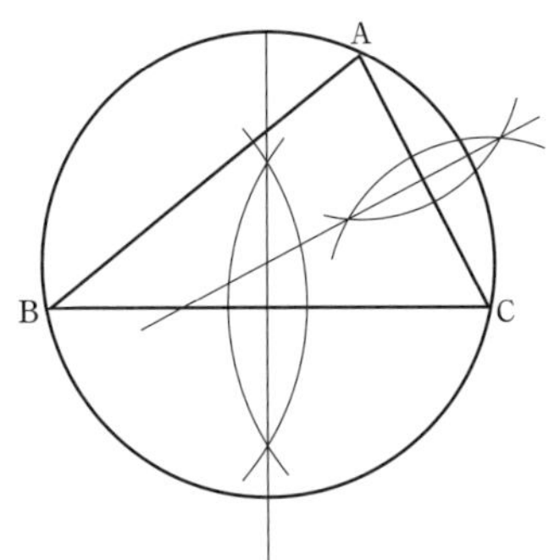

この円を三角形ABCの外接円という.

(2)

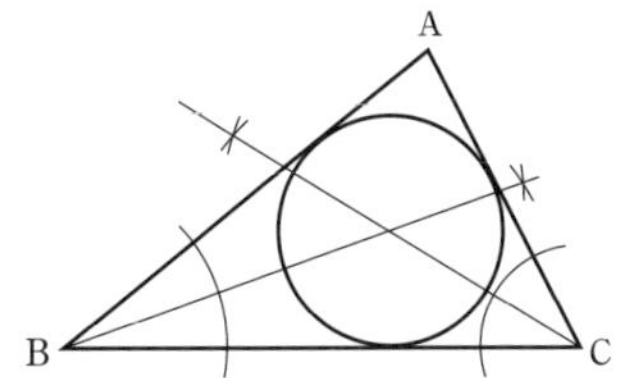

この円を三角形ABCの内接円という.

6 (1) FCを対称軸として，対称移動させます.

(2) Gを中心として，180°回転させます. それを平行移動によって㋑に重ねます.

7 線分AMの垂直二等分線をかきます.

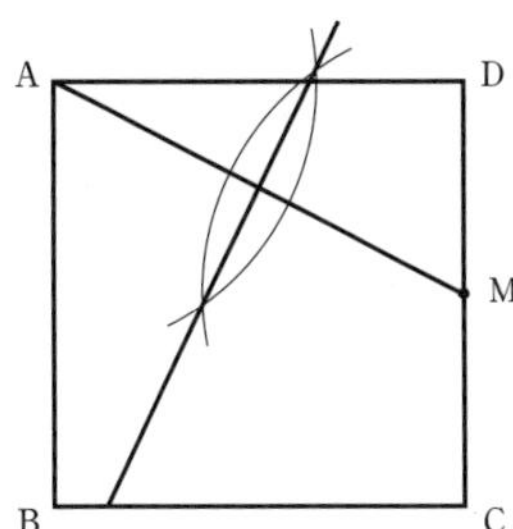

第6章　空間図形

【p.122～123】step25

1

	頂点の数	辺の数	面の数	面の形
正四面体	4	6	4	正三角形
正六面体	8	12	6	正方形
正八面体	6	12	8	正三角形
正十二面体	20	30	12	正五角形
正二十面体	12	30	20	正三角形

2 (1)

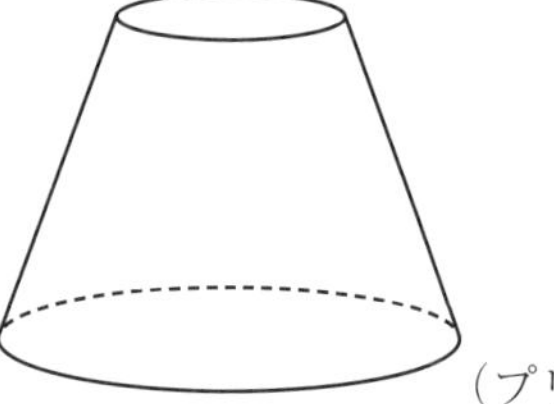

（プリンの形）

(2)

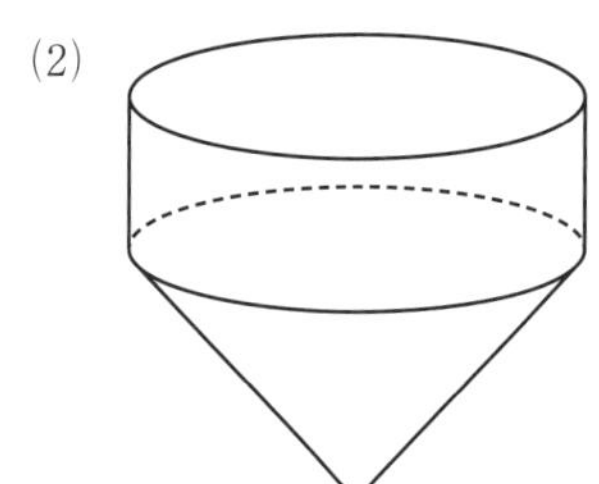

（こまの形）

(3)

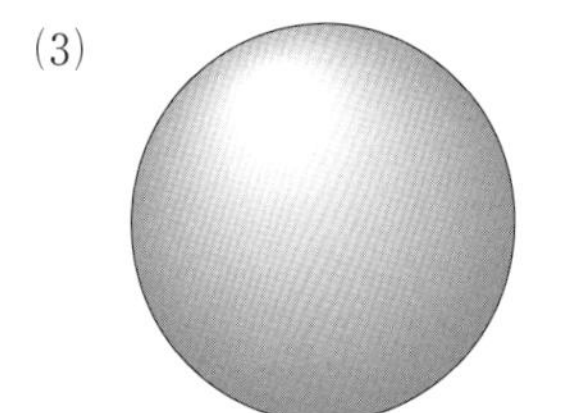

（球）

(4)

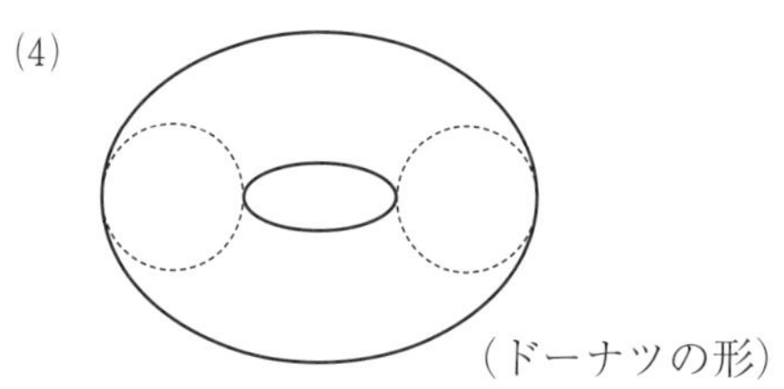

（ドーナツの形）

【p.126～127】step26

1 (1) 直線 DC，直線 EF
直線 HG

(2) 直線 AD，直線 AE
直線 BC，直線 BF

(3) 直線 CG，直線 DH
直線 GF，直線 HE

(4) 直線 EF，直線 HG
直線 FG，直線 EH

2 ① 交線　② 平行
③ 平行　④ 垂直

【p.130～131】step27

1

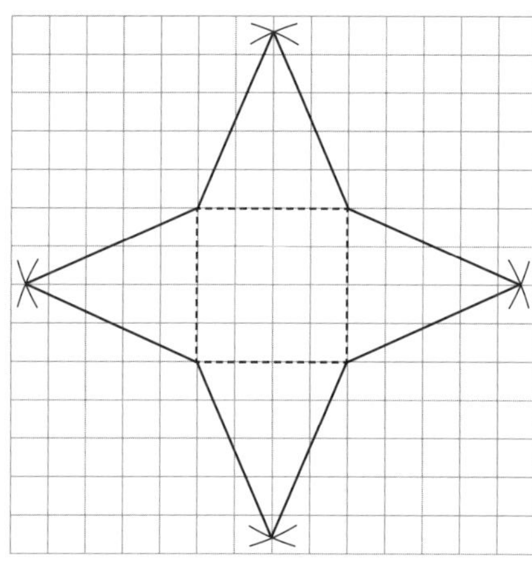

2

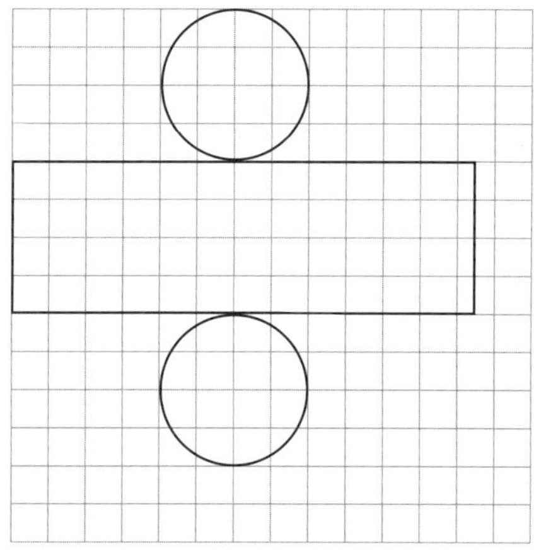

【p.134～135】step28

1 底面積　$12\times12=144$

側面の1つは，底辺 12 cm，高さ 8 cmの

三角形　$\frac{1}{2}\times12\times8=48$

$48\times4+144=336$　　　　$336\ \mathrm{cm}^2$

2 底面積　$4^2\times\pi=16\pi$

体積は　$\frac{1}{3}\times16\pi\times9=48\pi$

48π cm^3

3 表面積は　$4\pi\times6^2=144\pi$

144π cm^2

体積は　$\frac{4}{3}\pi\times6^3=288\pi$

288π cm^3

4 底面積は　$4^2\pi-2^2\pi=12\pi$

体積は　$12\pi\times6=72\pi$

72π cm^3

【p.136〜139】第6章　期末対策

1 (1) 辺DC，辺CG

辺HG，辺DH

(2) 辺AD，辺BC

辺FG，辺EH

(3) 辺BC，辺DC

辺FG，辺HG

2 (1)

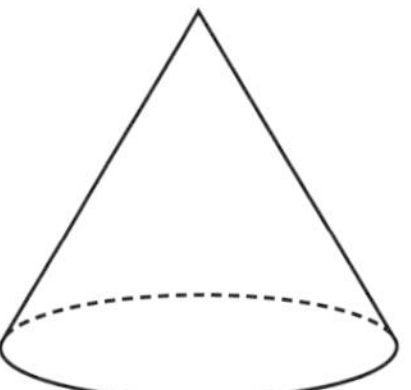

(2)

3 (1) 円柱

(2)

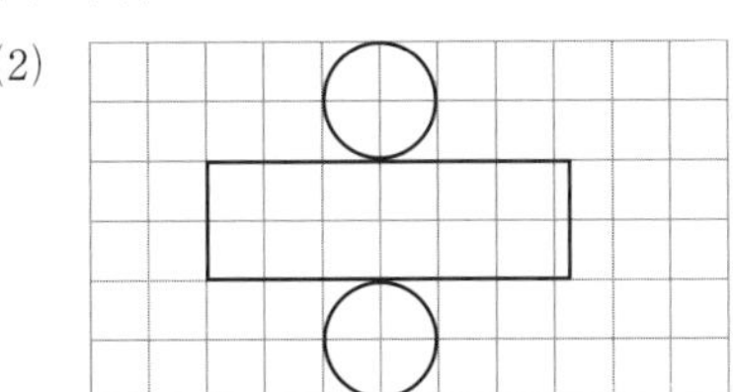

(3) 底面積　$1^2\times\pi=\pi$

側面積　$2\times2\times\pi=4\pi$

表面積　$\pi\times2+4\pi=6\pi$

6π cm^2

体積　$\pi\times2=2\pi$

2π cm^3

4

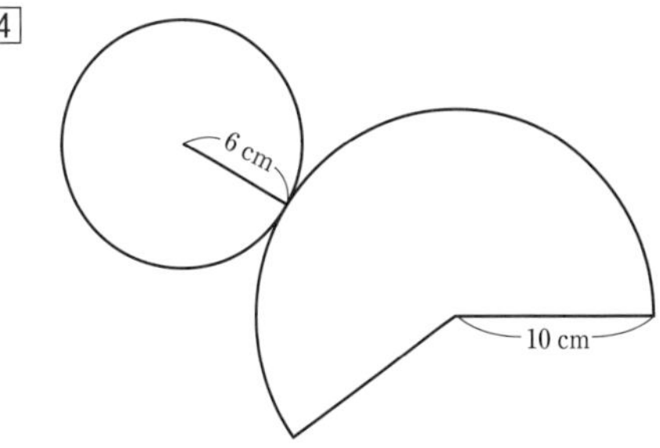

底面積　$6\times6\times\pi=36\pi$

底面の円周は　$2\times6\times\pi=12\pi$

側面を展開すると，半径10 cmの扇形になる．その中心角をa°とすると

$2\times10\times\pi\times\frac{a}{360}=12\pi$

$\frac{a}{360}=\frac{12\pi}{20\pi}=\frac{3}{5}$

扇形の面積は

$10\times10\times\pi\times\frac{a}{360}=10\times10\times\pi\times\frac{3}{5}$

$=60\pi$

よって，表面積は

$36\pi+60\pi=\mathbf{96\pi}$ (cm^2)

体積は　$\frac{1}{3}\times36\pi\times8=\mathbf{96\pi}$ (cm^3)

5 (1)

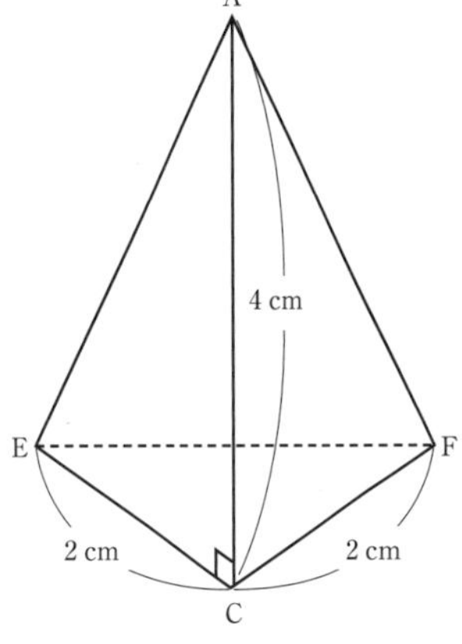

三角形ECFを底面と考える．

(三角形ECF) $=\frac{1}{2}\times2\times2=2$ (cm^2)

三角すいの高さは4 cmなので

$\frac{1}{3}\times2\times4=\frac{8}{3}$ (cm^3)

(2)

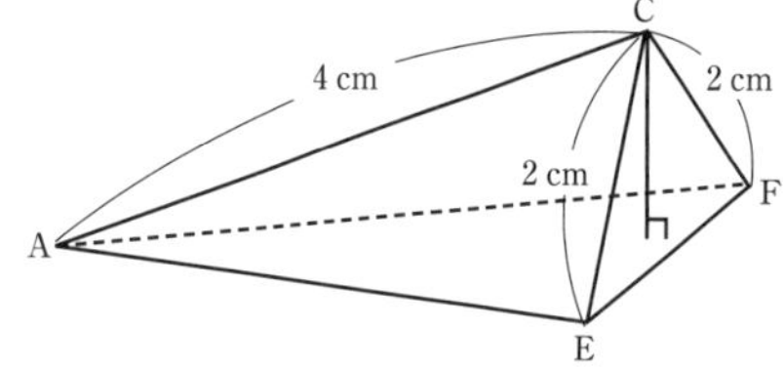

(三角形 AFD)$=\frac{1}{2}\times 4\times 2=4$

(三角形 AEB)$=\frac{1}{2}\times 4\times 2=4$

(正方形 ABCD)$=4\times 4=16$

(三角形 AEF)$=16-4-4-2=6$

三角形 AEFを底面と見たときの高さを h とすると

$\frac{1}{3}\times 6\times h=\frac{8}{3}$

よって　$h=\frac{4}{3}$ (cm)

高さは $\frac{4}{3}$ cm

【p.142 ～ 143】step29

1 (1) $\frac{23+24}{2}=23.5$ (m)

(2) 23 (m)

(3) 10人の記録の合計は 240

240 ÷ 10 = 24 (m)

2 ① 0.12

② 0.24

③ 0.16

④ 50

3 (1) ①　780

②　860

③　7

④　3700

⑤　4300

(2) 20220 ÷ 25 = 808.8

およそ　809 kcal

(3)

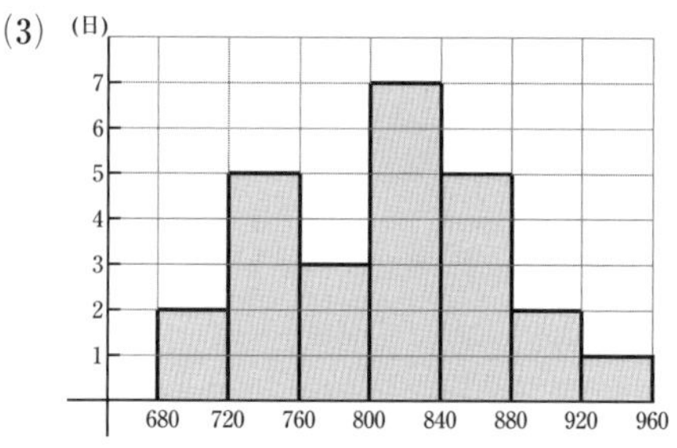

(4) 800 以上～ 840 未満の階級